CYBER WARS

Hacks that Shocked the Business World

网络战争

颠覆商业世界的黑客事件

[英] 查尔斯·亚瑟(Charles Arthur)◎著

许子颖◎译

ZHEJIANG UNIVERSITY PRESS
浙江大学出版社

致
谢

　　首先，同前作《数码战争》(*Digital Wars*) 一样，我要再次向科根出版社 (Kogan Page) 表示感谢，他们帮我找到了灵感，并提出了建议——写一本有关重大黑客事件的书，告诉读者有关黑客事件、黑客以及商业世界之间的内幕信息。

　　感谢热拉尔丁·科勒德的坚持，感谢编辑丽贝卡·布什，感谢安娜·莫斯提供了最初的灵感。

　　回首过去，我写黑客的故事已经 30 多年了，尽管故事情节和侵入方式可能会随着时间而发生改变，但人们的目标和失误却并没有改变。感谢这些年接受我访谈的人们，比如 1995 年的冷火组织、2011 年的鲁兹安全组织，采访他们是十分有趣的。

　　感谢布赖恩·克雷布斯、格雷厄姆·克卢利、米科·海坡能、特洛伊·亨特、马特·格林、马特·泰特以及其他评论员，他们给了我很多建议以及观测数据。我也感谢很多无法透露姓名的人们，他们详细描述了所在公司遭到侵入时的情景。

非常感谢我的幸运女神——亚历克斯·克洛托斯基，在一次漫长的电话交谈中，她和我聊了一个完全不同的话题，却给我提供了很多研究成果和人脉。

这本书主要是在斯迪利·丹乐队的作品陪伴下完成的，十分感谢吉他手瓦尔特·贝克尔；唐纳德·法根，请继续加油；也感谢荷兰大叔和琼妮·米切尔。

当然，我最需要感谢的是妻子乔乔和孩子们，他们容忍了我给他们的邮箱和其他网络账号开启双重验证，我想这就是所谓的爱吧。

网络战争

遭到黑客攻击是件尴尬的事。如果在你不知情、自然也是未许可的情况下，发现自己的邮箱或者社交媒体账号被他人侵入，并另做他用，你的第一反应可能是恐慌、暴躁、沮丧以及愤怒。用户名和密码能带来安全感，然而现在它们却不再安全。你的世界观也会因此受到冲击，你不仅没有自己想的那么安全，而且你的隐私大概率上已经受到了侵犯，谁知道要多久才能回到安全状态呢？对于大多数的个人和企业来说，被黑客攻击是一件令人震惊的事情。黑客会对一切有价值的东西进行攻击。然而，对黑客来说，他们所做的事情或许在外界看起来只是一场游戏，但他们却倾注了所有心血。而为了国家利益进行的某些黑客侵入活动，就像运动员在奥运会上为国家而比赛。

然而，即便你足够警惕，你的个人安全证书对黑客来说依然毫无价值。比如 2017 年 3 月，一位名为"SunTzu583"的黑客盗取了约 50 万个 Gmail 账号的用户名和密码，并发布在地下网站上，总共卖了 0.02198 个比特币，时价 28.24 美元。也就是说，1 美元大约可以买 16667 份配套的账号跟密码，1 美分可以买 166 份配套的账号跟密码。而如果你也是受害者之一，这意味着你的账号仅仅值 0.006 美分。

我们经常能听到黑客袭击的消息，仿佛黑客在我们的生活中无处不在。

黑客最初的意思是"用斧子做家具的人"。我们用刀对付一些棘手的东西，比如塑料、胶粘物、木头，设法让它们成为自己想要的形状。所以，"黑"掉某物，意味着强制性地让方钉和圆孔组合在一起。

如今，计算机黑客也是一样。尽管我们常说"黑进电脑系统"，但这一表达实际上并不准确。电脑对我们言听计从，它完全服从编程的设置。黑客未经许可侵入了电脑主人的系统，这是因为他（男性黑客居多）找到了一个方法，能让电脑去做他指定的事情。电脑主人没想到他人也能对其电脑下达指令，"这怎么可能？"这是被侵入者常有的反应。但是，电脑并不知道自己会被侵入，也不知道指令的意图，它会做的只是服从。

20 世纪 60 年代，对计算机程序设计师而言，"黑客攻击"一词和最初的意思差不多，"黑"代表用一种代码或者一种方式达成目的，尽管并不光彩，却能达到目的。而在企业和非政府组织间，"黑"即是一种常见的解决问题的快速通道。

黑客中也有很多怀揣恶意的人。《黑客词典》在 1975 年提供了一份计算机黑客之间使用的专业术语清单，试图定义那些恶意的企图，帮助普通人理解这个领域，但是已经太晚了。"黑客"一词首次出现于 1963 年，用于描述那些侵入了麻省理工学院电话系统的人，他们最初被称为电话黑客。到了 1976 年，媒体开始广泛使用"黑客"一词，用于描述侵入电脑系统的人。记者史蒂文·列维在 1984 年出版的《黑客们》一书中，彻底改变了黑客的定义，黑客被形容为"推动计算机革命的英雄"，暗指黑客做的事情是好的，这使得这一词语因此而广为人知。与此同时，新闻机构也采用了这一陌生词语，因为计算机开始广泛用于办公室，很快也深入了家庭。

僵尸网络、恶意软件、勒索软件和黑客组织是最近几年才进入人们视线的，问题正日益复杂化。然而实际情况是，黑客行为已经存在几十年了。本书中出现的大量侵入行为都在几十年前的学术研究中出现过了，或是来源于以前的编程错误。黑客行为并不新鲜，其使用的技术也不新鲜。

例如，"计算机病毒"一词由计算机之父约翰·冯·诺依曼在 1949 年的一篇科学论文中首次提出，代表一种能让计算机不停自我复制的病毒代码，就像病毒在细胞层面不停地分裂一样。但这一理论存在一个问题，电脑没有足够的电源来支撑这个过程，而个人计算机的出现提供了机会来探究这一想法的极限。1982 年，斯伦塔发布了首个真正意义上能够自我复制的计算机病毒——Elk Cloner，其目标是苹果二代电脑，通过加载程序所需的软盘侵入电脑。1983 年，加州大学的一名研究生弗莱德·科恩展示了同样的想法，并在 5 分钟内感染了一台 Unix 大型计算机。1986 年，他的博士论文详细论证了这一概念。同样是在 1986 年，无法通过重启解决的病毒产生了，它会重建"主引导记录"。1988 年，网络蠕虫出现了，它通过自我复制，从一台机器传播到另一台机器，直到感染了大约 3% 的连接机器后，由于代码错误而自我崩溃。

20 世纪 90 年代，个人电脑开始从公司进入家庭，这为恶意病毒提供了新的目标。互联网的迅猛发展也为其创造了新的途径。新生必然面临着毁灭，就像造船的同时也为沉船埋下了伏笔，计算机的普及也为不同段位的黑客提供了开拓边界的机会。

尽管黑客的威胁已经存在了几十年，其攻击的方式和手段也随着时间发生了变化，可我们对黑客甚至是电脑本身的认知都还停滞不前，其中最大的误解是我们总有一天会拥有绝对安全的设备。

然而事实却是，我们无法保证任何软件是绝对安全的。任何计算系统，无论是电脑，还是手机，都是由程序构成的，从芯片内置的加减算法（微架构），到固件（主要协调与运行硬件部件），再到操作系统（位于固件之上，为操作系统的运行提供了交互软件层），程序无处不在。以上的每个环节都可能存在漏洞，英特尔在1994年的第一个奔腾微处理器的微架构中就有一个错误，这造成了浮点计算值的偏差。浮点除（Floating Point Divide）失误的影响并不大，除非你是在建造航天器，其路径需要依靠特殊的计算结果。微架构里的一个漏洞叫F00F，它可以忽略操作系统，让处理器停止运行。一段时间内，它对网络整体基础设施产生了威胁，心怀不轨的人只需要在一台易遭受攻击的机器上装一个程序，就能达到破坏的目的。数据不会受到损害，但是系统会强制重启，这可能对重要的处理器造成威胁。

F00F带来了危险，却并未带来灾难。但这种危险无处不在，就像构成海床轮廓的岩石，偶尔会给船只带来危险。在系统愈发重要的当下,黑客能够轻易地在系统中找到潜在的威胁。

像所有探险家一样,黑客也了解自己的知识体系。他们知道历史上伟大的事件,熟悉事件的幕后主使(至少是化名)以及造成的影响,还了解因此而遭殃的公司或组织。在"回到 1988 年的莫里斯蠕虫"的采访过程中,有人准确地提出了这一最为著名的黑客事件的年份和相关黑客的姓名,"阿尔伯特·冈萨雷斯,他真的搞砸了,当时他为联邦调查局工作,却试图参与犯罪事件"。

黑客总热衷于谈论自己的丰功伟绩,谈论他们是如何侵入那些戒备森严的地方,然后又遭驱逐。一些人还发现,通过这种途径获得的钱,能带来异样的快感,虽然严格意义上说,他们很少(几乎没有)挣到钱。妄想很快与他们如影随形,他们开始担心自己过去的痕迹会成为现在的绊脚石。成功的黑客肯定是从某个地方开始的,然后意识到,在这个无所遁形的当下,你做的所有事都有可能对你不利。2017 年 5 月,英国的恶意软件研究员马库斯·哈钦斯通过注册乱码的域名,无意中阻止了勒索病毒 WannaCry 全球范围的传播。然而,3 个月后,在参加了美国的一次安全会议之后,他被控"创建、传播和销售"银行木马 Kronos,窃取银行的详细信息,并被 FBI 逮捕,但哈钦斯并未认罪。IRC 聊天室（互联网中继聊天室）中有哈钦斯讨论代码的记录，还有他发布的一些 Kronos 代码，但目前的证据还远不足以定罪。即便如此，他出庭的场景依旧对一些潜在的黑客起到了震慑作用——一脸凶相的哈钦斯穿着黄色的囚服出庭，手脚都被铐住了。政府希望大家明白，他们会十分严肃地对待黑客以及他们所做的事情。

然而，企业仍需承担黑客带来的后果。公司让客户交出个人信息，但却忽视了互联网可能将这些信息暴露给每一个别有用心的人。许多企业都相信那句老掉牙的格言，"数据是新时代的石油"，认为数据是潜在的财富来源。英国的信息专员克里斯托弗·格雷厄姆负责监管英国各组织的信息安全，他曾表示，石油造成了全球变暖，而盲目地收集信息对企业也未必是好事——数据不仅仅是石油，它还是新时代的石棉。信息对企业是一种风险，是一种潜在的毒药。

本书将介绍那些受黑客困扰的企业与个人，以及黑客对其目标倾注的心血。书中的案例覆盖范围很广，从盗取普通民众信用卡的钱，到无痕访问政客的个人邮箱账号，还有一些出于政治目的的恶意破坏。

正如黑客的目标和造成的反响跨度很大，黑客的目的也各不相同，这里指的是欲望的阈值。那些处于底层的黑客（通常是些年轻人）通过侵入系统、窥探内部而获得快感。竞争很快愈演愈烈，演变成了同行间的键盘大战。在这场战争中，唯一受到威胁的，是每个黑客的自尊心。然而，黑客的世界十分残酷，他们部署强大的系统，只为了一较高低。这样的混战可能升级成"僵尸网络"，操纵成千上万的个人电脑和联网设备互相攻击。而一旦有人做到了这一点，他就能够利用这一技能赚取巨额财富。

单纯的娱乐和靠此谋利之间隔着一条卢比孔河。电子商务依赖信用卡，而信用卡的安全系数极低，通常只是一串 16 位数的账号数字、一个日期和一个名字。例如，犯罪分子使用盗来的信用卡购买亚马逊的代金券，再低价出售，这就足以让人无法追踪被盗信用卡的现金流状况。

诈骗变得越来越复杂，黑客需要留下尽可能少的跟踪审核条目。随着比特币的兴起，黑客通过互联网转移了大量匿名的资金，比特币是黑客的天堂，他们试图用比特币进行无法被追踪的敲诈。

还有一群黑客是对金钱毫无兴趣的，那就是国家黑客。他们有资源丰富的政府当靠山，多年来都是舆论的焦点。但直到最近几年，他们才走进公众的视线。伊朗核武器计划之所以失败，是因为当时美国联合小组制造了一种计算机病毒Stuxnet，它感染了相关计算机，干扰了轴心分离中心的控制系统，最终导致了该系统的自我毁灭。

　　政府雇用黑客的领域也进入了更为激烈的竞争阶段。政府雇用黑客侵入敌国电脑进行破坏，这会使得黑客成为国家的新武器。

　　这不是一场冷战，也不是一场热战。这是一场网络战争，而我们每个人都处在这场战争之中。

目
录

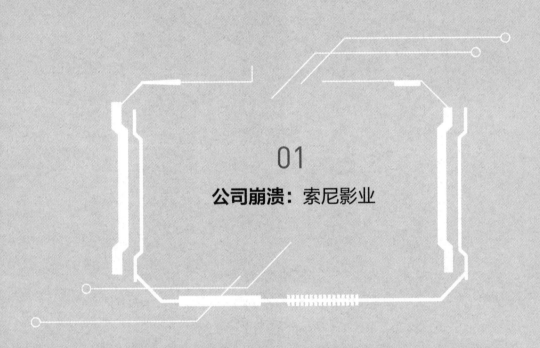

01

公司崩溃：索尼影业

> 政府偏爱网络攻击，因为其有效、便捷且不易被追踪；
> 而 "不易被追踪" 是最重要的属性。
>
> ——米科·海坡能，F-Secure 首席研究官

2014 年 11 月 14 日，是美国人最繁忙的日子之一，每个人都赶着在感恩节前把一周的工作做完。对索尼影视娱乐公司（下称索尼影业）的 6500 名员工来说，这一工作周更加紧张了。

早上 8 点 15 分左右，正常工作的电脑突然黑屏了。黑色的屏幕上出现了一行红色的字，显示电脑正在遭受 GOP 侵入（GOP 代表 "和平卫士"）。

警告：

我们已经警告过你们了，并且这只是个开始。

我们将继续一系列活动，直到我们的要求得到满足。

我们已经掌握了所有的内部数据，包括你们的机密（也包括最高机密）。

如果你们不服从我们的命令，这些机密就会被公布至全世界。

11 月 24 日晚上 11 点（格林尼治标准时间）是你们的最后期限。

打开警告里的链接，显示出 5 个网站的文件，这些文件均显示了同样的文件名——SPEData.zip。

SPE 代表索尼影业（Sony Pictures Entertainment），这些文件的内容都是一样的：LIST1，一个 638MB 的文本文件；LIST2，一个 398MB 的文本文件，其中包含了大约 3700 万个不同的文件名；还有一个"read me"文件，里面有 10 个邮箱地址，供想要这些文件的人联系。

人们看着屏幕的时候，电脑正在自动删除他们的文件，并干扰着 boot 区。

外界首先通过推特了解了这次侵入事件。侵入者控制了很多个用于宣传索尼电影的账户，并发布了同样的信息，"包括索尼首席执行官迈克尔·林顿在内的罪人一定会下地狱，没有人能帮你"。还附了一张图，林顿的头呈现出诡异的深蓝色，像一些廉价游戏中的角色。

这些蹩脚的图片和糟糕的英语似乎出自一些业余的黑客之手，也许是为了哗众取宠，也许是出于对林顿的个人怨恨。这已经不是索尼影业第一次遭到黑客的侵入了，但之前侵入的目标大多是游戏类网络，而不是公司的内部网络。公司推特账户被侵入也不是什么新鲜事，这也不能说明公司内部有多么糟糕。

林顿和往常一样在早晨 6 点多就抵达了公司，他已经有了一些头绪。首席财务官大卫·亨德勒给他打过电话了，告诉他发生了一起黑客侵入事件，为了保护数据可能需要下线系统。

索尼影业的员工说，除了一些特殊区域外，办公大厦大部分地方都不需要刷卡出入。在黑客侵入后，公司才安装了需要刷卡的旋转门。"你可以直接找到部门主管，而不需要任何出入证。"这位员工告诉我。

事情开始不太对劲了。员工们被告知，"不能打开电脑，不能打开任何电子产品"。公司可以说是一片混乱，每个人都在走廊里走着，不能打开任何电子产品，什么都不行。很长一段时间，员工们不能连接公司的企业网络，不能查看邮件，不能打开电脑，连手机的 Wi-Fi 都需要关闭。索尼影业全球范围内的网络系统关闭了，超过 3000 台个人电脑和 800 个服务器被注销了，备份也清除了。索尼面临着前所未有的挑战。

尽管遭到黑客侵入已经一目了然，但索尼的 IT 部门仍试图淡化事件的严重性。索尼告诉员工，这仅仅是"一个 IT 问题"。索尼影业的联席董事艾米·帕斯卡也来到了公司，被告知这是一个"一天就能解决的问题"。人们也都认为这只不过是一次偶然的事故，但这起事故对于公司、对于员工的影响却是深远的，索尼在不知不觉中成了新一轮地缘政治调整中的棋子。

收到一封新邮件

索尼被黑并陷入瘫痪的事情在第一天就迅速在网上传开了，索尼的一些员工也在社交媒体上发布了被黑的电脑屏幕的照片。尽管这些照片很快就被清除了，网上的讨论却持续升温，截图迅速传播了开来。意识到问题的严重性后，员工们也开始三缄其口。

黑客侵入的第二天，科技新闻网站 Verge 声称收到一封邮件，黑客告诉他们，"我们想要平等，而索尼不提供平等，这是一场实力悬殊的战争。索尼没有锁住系统的大门，我们和一些志同道合的索尼内部人士一起工作。很抱歉，我不能说更多了，我要保证我们队伍的安全"。

Verge 的记者罗素·布兰顿向 "read me" 文件里的其中一个邮箱发了询问信。那句"我们和一些志同道合的索尼内部人士一起工作"让人怀疑索尼有内鬼，或是至少有帮凶。索尼很快发布了一条简短的官方声明，进一步证实了这一可能，"索尼影业经历了一次系统崩溃，我们正努力解决这一问题"。

即便如此，大多数员工都认为这一切很快就能得到解决。"直到下个星期，我们才意识到问题的严重性，"一位员工后来告诉《财富》杂志，"可能需要几周公司才能回到正轨。"

正如林顿回忆的那样，"我花了 24~36 个小时才完全明白，我们无法在接下来的一两周内恢复正常"。一位索尼员工说，"一开始的经历好像身处 20 世纪 90 年代初，电脑屏幕上跳出了黑客的信息，说着'你被黑了，贱人！'这类的话。这是一次有些滑稽的历史倒退"。但现实是，我们离 90 年代很远。自助餐厅只能使用现金，不能使用信用卡。基于互联网的语音信箱不能用，电话还是可以用的，但前提是你知道正确的分机号码，电子电话簿肯定不能用了，人们大多只能在走廊上交谈。

然后，黑客做了件所有黑客都会做的事——泄露内容。

美国计算机应急准备小组在线评估了威胁，他们认为恶意软件是全新的、多功能的。首先，恶意软件试图使用 Windows SMB 协议进入目标电脑。对于这关键的第一步，它使用了一种极为简单粗暴的方法，尝试大量的用户名 + 密码组合，直到配对成功，并被允许访问网络。然后，恶意软件开始自行安装，并进行监视、复制和销毁。

一般来说，黑客并不会试图摧毁内容，他们只需要掌握内容，并威胁要进行传播。

由于引导扇区被删除了，索尼的 IT 部门很难让系统恢复正常运行。侵入事件发生时，索尼的 IT 部门只有 11 个人。旧的网络系统已经成为一个犯罪现场，恢复它可能会抹掉一些关键线索。没有电脑来处理交易，整个公司业务陷入了停顿。会计师总说，任何公司都有最危险的时刻，那就是每周五的下午和一个月的最后一个工作日，此时正是发薪日，他们需要大量的现金。如果你陷入停顿，整个公司将面临重大的风险。

整个 IT 部门重新部署了新的邮件服务器，并为工作人员复制了邮箱账户。黑莓的旧智能手机可以投入使用，但企业系统仍存在一系列问题。人们把切纸机拿出来裁切纸质工资条，但是欠款该怎么办呢？侵入前的事情都没有办法确认了。这是索尼从没有经历过的，事实上，这也是大多数人都未曾经历过的。

"我的朋友们都说，'天呐，我听说索尼被黑了'。然后我告诉他们，'你无法想象公司内部现在是什么样子'。"一位前员工告诉我。

想象一下明早醒来，你发现电脑黑屏了。共享驱动器中任何你认为很安全的文件全都不见了，即便你存过档，你也找不到它们。你会是什么感受？

当然，你可以去找备份，但是它们已经不复存在了。你采取的所有行动都无济于事，你该怎么办？

跟我谈过话的员工都对首席信息官的行为表示了称赞，他通过制定定期简报来激励员工，简报里解释了已知的、未知的情况，以及告诉员工什么能做、什么不能做。制定工资单是至关重要的事情，值得注意的是，索尼并没有漏付任何一笔工资。对外的支付也很重要，其他业务流程也面临着分类的问题。缺乏电脑的支持，每个人都筋疲力尽。"这就好比一次入室抢劫，黑客拿走了所有的珠宝，然后把房子点着了。"网络安全公司趋势科技的首席网络安全官汤姆·凯勒曼说道。

线上的备份都已经被抹掉了，索尼只能求助离线备份。尽管这一方法更稳健，但传输和恢复数据也变得慢了起来。还有人担心，恶意软件可能是在已知有备份的情况下安装的，简单地恢复备份文件可能会使信息落入黑客手里。直到当年的 12 月底，都不能确定个人电脑和网络是完全安全的。

头脑特工队

原始文件中的链接一公布至公共网络，迅速吸引了人们的注意。有着数百万读者的讨论平台 Reddit 也开始关注文件的内容了，并开始梳理起这些内容。

大多数黑客都会秘密删除千兆字节的数据，这次的黑客却十分特别，他们窃取了千兆字节的数据。

电影文件共享站点收到了多个链接，泄露了尚未上映的电影——《狂怒》（由布拉德·皮特主演）、《安妮和透纳先生》，还有《写爱于臂上》。它们都来自索尼，这些数字文件被制成 DVD，供人浏览。最尴尬的是，索尼的服务器竟悄悄被人用来分享影片的"种子"。

这些电影更像是未经计划随机选出的，《狂怒》有些知名度，其他的就不那么受关注了。那些在索尼服务器上下载最受欢迎的未上映电影的人们，可能只会对《狂怒》感兴趣。

12 月 1 日，FBI 探员注意到索尼影业的电影被泄露了，开始进行问询，并和员工召开了有关数据安全的会议。FBI 发表声明，"FBI 将继续查明、追捕并击溃任何对网络空间构成威胁的个人与团体"。

但这无法放慢黑客的速度。就在同一天，黑客发布了一个巨大的电子表格，其中包括 6000 名索尼员工的工资收入与家庭住址，还包括 17 名年薪超过 100 万美元的高管的详细信息。这一举措的时机和细节都十分精准，明显指向某些个人或群体，其行为包含了对索尼明显的恶意。

更多的公司文件被泄露了，这些信息被放到了 Pastebin（一个很受黑客欢迎的文本粘贴网站）上。许多记者都收到了链接，他们争相在大量信息中寻找劲爆内容，披露索尼的内部情况，揭示种族和性别歧视导致的工资差距以及高管对演员、电影和政客的不当言行，黑客本身却被记者忽视了。黑客并不需要挖黑料，媒体会替他们做这件事，这是不停重复的一种模式。"我们从这些博客和网站上得到的信息比从迈克尔·林顿和艾米·帕斯卡（索尼影业的共同主席）那儿得到的要多。"一位记者坦言。

索尼制定了多项措施来处理人事问题，采取了身份盗窃保护措施，开设 FBI 安全讲座，还为担心数据外泄的员工设置了咨询热线。林顿在一次市政厅会议上说，"虽然我们没有范本可供参考，但我们不会被打倒"。尽管如此，他还是不愿回答记者更多的问题。

泄露文件中的诸多发现，给索尼带来了很多批判的声音。数千台电脑中的社交媒体账户（例如脸书、YouTube、推特）的登录信息被存储到了一系列 Word、Excel 和 PDF 中。这些文件都有很方便的命名，例如 password list.xls 或者 YouTube login passwords.xslx。在一些情况下，受密码保护的文件的文件名就包括了密码，并且密码都是以纯文本格式存储的。

隐藏的要塞

还是那个问题：黑客是怎么做到的？越是大的组织越容易被黑。这是因为随着系统的扩散，确保"侵入界面"（需要考虑设备数量、操作系统和版本以及使用的应用程序与 App 等）的安全也变得困难了起来。一个漏洞就能让黑客进入网络，再多一个漏洞，黑客就能获得外部访问的权限，继而修改内部内容，获得所有区域的权限。黑客侵入始终是一个循序渐进的过程，第一步就是进入。

多年来，索尼的公司结构一直存在问题，历任首席执行官都试图打破内部部门互相竞争、互相使绊的局面，因为这些情况极有可能会损害集团的财务业绩。

索尼的 PlayStation 网站脱离了索尼影业，曾于 2011 年 4 月遭到黑客侵入，当时有 7700 万个账户被破解，其中可能包括部分账户持有人的信用卡明细。2011 年 6 月，业余黑客组织鲁兹安全使用简单的 SQL 注入技术，侵入了索尼影业系统的数据库，并泄露了数以千计的个人信息。此次黑客行动窃取的都是和公司有竞争关系的相关方的信息，并不包括员工信息。"通过一次注入，我们能获得一切。为什么你们要如此相信一个这么容易被侵入的公司呢？"鲁兹安全甚至没有深入任何一个系统，就获得了如此多的信息。

2013 年 6 月，从索尼电脑娱乐公司升职的平井一夫接管了索尼，整家公司依旧充斥着典型的日本文化——等级分明，难以解雇人。但索尼也正在努力适应现代互联网文化，试图充分利用先进的计算系统，并使用该系统保护自己。

索尼在上述侵入事件中出尽了丑，也因此于 2013 年年底加强了自身系统的安全性，转为由内部团队负责网络安全监控。在华盛顿，索尼有42道防火墙和24小时在线的安全中心。而在移交内部团队的过程中，他们丢掉了1道防火墙和148个组件的监控。

2014年索尼的一份审计报告指出，"这些安全意外会影响网络系统和基础设备，并且无法被检测和解决"。

罗道夫·罗西尼开始和索尼影业的子公司索尼在线合作，他当时就任于游戏开发公司Storybricks，拥有10年以上的线上安全维护经验。罗西尼如今正忙于研发人工智能系统，这些也将被应用于索尼的游戏系统中。罗西尼在2014年时说：

我们可以访问所有索尼内部的资源文件，尽管我们是外部公司，但索尼为我们提供的电脑能连上他们的网络。我们有后缀是sony.com的电子邮件账户，我们的权限和内部员工一样。所以，我们能看到索尼内部是如何处理信息安全问题的。

罗西尼对他的这一发现感到震惊。但他也意识到，在索尼影业现有的情况下，公司几乎不可能有什么变化。"99%的侵入都可以通过PDF、Flash和Java实现，索尼甚至没有集中更新机器。不集中更新，就无法知道所有的机器是否安装了什么恶意软件。"

他告诉我，他反映过这一信息，但是没有得到关注和回应。"这家公司从来没有解雇过人，许多不称职的行为没有受到惩罚，那些不能胜任工作的人也没有被开除。"

举个例子，他轻易就破解了电脑的安全设置，安装了一个文件储存程序Dropbox，可以将一台个人电脑上的本地文件同步到另一台电脑的备用存储设备上，"我花了 30 秒就成功了"。

2014 年 2 月，他在 Pastebin 上发现了完整的定位地图，将其与索尼内部信息结合起来能随意开展黑客活动。

罗西尼陷入了恐慌，并试图引起索尼 IT 团队的注意：

我通知了（索尼在线的）IT 经理，"有人进入了你们的内部系统，这意味着网络系统可能存在漏洞"。

结果却是，内部系统屏蔽了 Pastebin 网站，IT 部门根本没有解决这个问题。

很快，他收到了管理层的邮件，"他让我关了那个鬼东西，说得非常明确。对于他们的后端安全问题，我毫无头绪"。

他们的态度刺伤了罗西尼，"我可以下载可执行程序，然后让它在个人电脑上运行，就能够访问所有文件和文件夹了"。更重要的是，任一黑客都可以这么做，可以得到同样的用户特权。

2014 年黑客事件发生的时候，罗西尼还在与索尼合作。他平时用到的文件都不在被黑的数据库里，因为"黑客没侵入子公司"。

罗西尼不是唯一一个对索尼的安全系统感到失望的人，另一名前员工称之为"一个完全的笑话"。侵入事件发生一周后，他告诉记者，安全侵入的警告响过很多次，但是都被无视了。他提起了一个案例，一次公司的一个文件服务器被黑掉了，仅仅是因为一位欧洲员工去了一家网吧，接入了服务器，然后忘记退出了，而下一个坐在那个位置的人就掌握了全部的信息。

2013 年年末，一位外部承包商发现了索尼网络系统中存在可疑的流量，调查组根据这一线索发现千亿字节的数据被加密了，黑客源至今没有查明。不过根据时机来看，很有可能是因为当时《人是你杀的？》这部电影刚刚拍摄完毕。

索尼影业在 2014 年 2 月意识到了侵入事件。2 月 12 日，法律部门主管考特尼·沙伯格给 3 名同事发了邮件，声称"索尼系统可能被一个未授权的组织掌握了，他们接下来可能会安装恶意软件"。几天后，沙伯格开始淡化这件事的严重性。759 个"和巴西剧院有关"的用户个人数据被泄露了，但是巴西法律没有要求出现这一情况必须通知相关人士，这说明问题并不严重。

大规模的数据窃取都是通过这种方式实现的——上传恶意软件，进行黑客侵入。比起反复侵入系统，黑客发现，单纯地在服务器上运行软件并悄悄收集数据，似乎更简单、安全，而这种软件并不是传统意义上的恶意软件。12 月 10 日，FBI 网络部门的助理局长告诉参议院委员会，该软件可能已经渗透了索尼 90% 的防御系统。

FBI 得出的结论是，黑客窃取了一位拥有最高权限的系统管理员的登录信息，从而得以进入系统。这就是为什么会有人在私下议论该次事件背后有"内鬼"的存在，但事实并非如此，这是一场经典的外部黑客侵入。

那他们是怎么得到这些信息的呢？网络安全公司 Cylance 的斯图尔特·麦克卢尔分析了所有的邮件，发现了一些发给高层管理人员的网络钓鱼邮件，这些邮件要求用户验证苹果产品的 ID，但苹果公司并没有发出过这类邮件。麦克卢尔强调，虽然只是一种推测，但这的确可能是一种侵入的手法。

2014 年 11 月泄露的内容显示了索尼深层结构的失败。防火墙完全失效，黑客仿佛成了网络的上帝。很快，人们就意识到黑掉员工的网络与数据只是黑客侵入意图的一部分。黑客将公司最宝贵的秘密公布于众，这使得索尼在公众面前大大出糗。超过 100 兆字节的数据，包括了 4 部未上映的电影、3 万份财务文件和内部报告、整套管理者密码和 17 万份邮件信息，甚至还包括了高级管理人员对演员、其他高管以及索尼电影质量的个人评价。

泄露的内容一个接着一个，总共 8 批，包含 3800 万个文件。特定的新闻网站收到了泄露邮件，并发送到了文件分享类网站，这造成了接连的传播。索尼聘请律师给新闻网站发了函，要求他们毁掉"被偷的信息"，并告诉他们"如果使用和传播信息，对于其造成的危害与损失，我们别无选择，只能追究你们的责任"。但这并没有阻止故事的进一步发展，美国法律为新闻界提供了广泛的保护，并且索尼很难证明某个特定的新闻组织对其造成了危害与损失。

黑客侵入事件发生后，一系列的爆料大大挫伤了公司的士气。"一些邮件的内容让你想爬到桌子底下去，"一位前员工告诉我，尽管内部网络依旧不能用，智能手机却可以使用，"我记得我们几个人待在办公室里，不停搜索自己和同事的名字，看看会出现些什么。"就好像用谷歌街景地图，第一反应就是搜自己家一样，索尼影业的每个人都开始搜索自己的名字。一个人曾这么告诉我，"你想跟能鼓舞你的人一起工作，他们值得信任、能给你带来动力、有信誉、尊重他人，但接连发生的事情让人恐慌"。令人感兴趣的一点是，对于邮箱这一默认不加密的媒介，人们对其安全性有着某种隐性的信任。然而十分好猜的用户名与密码，也为该媒介的安全性画上了问号。

其中一个人告诉我，"进入商界的第一条准则是：如果不希望你邮件里写的内容登上报纸的头条，那一开始就不要写"。很明显，索尼的高管们未能遵循这一格言。

这是工作模式的进化带来的结果，人们在各种场合下"工作"，无论是在派对中，还是在旅行间隙，大家都在回复邮件。因为手机或者电脑掌控在自己手中，大家自然觉得通信链的每一个环节都是安全的。如果索尼的高层只用 WhatsApp 或 Signal 交流，黑客就无法用这种方式侵入了。而对帕斯卡、林顿这种经常写邮件的人来说，他们在编写邮件时经常掺杂着错误的拼写和缩写，还时不时出现"发送自我的索尼 Xperia Z2"。而安全的即时通信软件既能满足他们聊天的灵活性，又能保证他们对话内容的安全性。

事实上，索尼的律师也讨论过，他们认为邮箱存储的信息量过大。索尼影业的总顾问利亚·威尔早在 2014 年就曾表示，尽管部分邮件需要保留，"但大部分邮件都可以删除，IT 部的同事告诉我，使用邮箱存储所有的邮件信息并不是个明智的做法"。

帕斯卡在邮件门事件中受到的影响最大，她在邮件中调侃奥巴马喜欢的电影类型，开种族主义的玩笑。她在书面道歉中称，那些邮件"不合适，并且无法反映真实的我"。她也在员工大会上对所有人道歉，"我真的很抱歉，我能做的只有真诚地道歉，请求你们的原谅"。林顿让大家不要读那些邮件，说它们可能对内部和外部产生了分裂作用。

不管怎么样，大家还是读了。

"侵入事件发生后，我想'我的天，整家公司都要完了，世界末日了，索尼（影业）绝对撑不过去'。"一位前员工回想道，"这种时候，谁还会跟索尼签合同？从信任的角度来看，我肯定不会。"

同时，工作人员开始使用智能手机查找任何能找到幕后黑手的线索。如果和平卫士（一个高段位的业余黑客组织）想要钱，他们为什么还不发送勒索请求？难道他们不会跟索尼的管理层谈判，以泄露邮件内容为筹码，要求他们支付经过匿名处理的比特币吗？为什么要洗劫机器，让整个公司只能依靠纸和笔工作？做这种事情的人，一定对公司本身怀着极大的仇恨。这根本不是一项商业行为，而是一次复仇。如果黑客的目的是钱，那么他们的行为就说不通了。

一个说法迅速传播了开来，这次黑客攻击是那些将要被解雇或者最近被解雇的内部人士干的。一位员工说，"我们每个人都密切关注着身边的人是否有参与其中"。

每一次的黑客攻击都有一定的原因，黑客可能来自内部，也可能来自外部。其动机可能是制造问题，可能是获得钱财，也可能是某种国家资助的间谍与破坏行为。通过观察黑客的行为和做法，人们通常能弄清楚他们的意图，知道在和什么样的黑客打交道。

如果黑客窃取数据并以发布该数据为威胁，要求对方以加密货币的方式支付赎金，这就是一种公认的商业行为。而单纯地传播信息与洗劫电脑是十分业余的行为，很可能是某种黑客主义。如若悄悄窃取数据、试图不引起注意，则可能是商业或者国家资助的间谍活动。

计算支出

黑客事件发生后不久，出现了大量预估索尼因此而遭受的损失的数字。金融研究公司麦格理研究预估，被盗的电影包括宣传预算的支出加起来可达 9500 万美元。2014 年 12 月中旬，美国战略与国际研究中心的吉姆·刘易斯表示，索尼最终损失约达 1 亿美元，并需要 6 个月的时间才能完全摆脱黑客的阴影。

2015 年 2 月 4 日，索尼公布了季度业绩，其中包括了黑客攻击造成的损失，他们公布的数据远远不到麦格理研究和刘易斯预估的数值。索尼公布，黑客事件发生的季度损失约为 1500 万美元，财政年度剩余时间内的损失约为 2000 万美元。索尼在东京的发言人表示，"这个数字还包括了恢复金融与 IT 系统的有关支出，这也表明这件事对索尼集团业绩的总体影响不是实质性的"。

几个月后，索尼的全年财政报告显示，索尼电影部门发生的问题造成了约 49 亿日元的支出，折合约 4100 万美元。和索尼经过数年亏损最终退出电脑市场以及在智能手机市场上的苦苦挣扎相比，前者的损失并不算什么。事实上，电影部门做得很好，一年的营业收入增加了 6%，净利润增长了 13%。如果黑客试图摧毁这家公司，那么他们失败了。

但高层却受到了影响。2015 年 2 月，艾米·帕斯卡因为邮件门事件，卸任索尼影业联席董事长。但这并不全是坏事，索尼影业和她签了一份为期 4 年的合约，资助其新的制片事业，索尼保留了发行权。

同时，约 4.7 万名工作人员的个人资料（包括社会保障号码）都被发布到了网上。2015 年 9 月，索尼以 1500 万美元的赔款解决了员工提起的一系列诉讼。

然而，对于索尼影业的员工来说，影响却是长期的，员工担心自己的银行账户安全。"我是否需要担心有人盗用我的账号？"其中一名员工在《财富》杂志中问道，"我再也不会用工作场合的电脑登录我的财务账户了。"他告诉该杂志，未来他只会用智能手机和家里的电脑处理个人事务，"不值得冒这个险，你永远觉得有人在监视你"。

在这种情况下工作带来的挑战，对各级员工产生了两极分化的影响，一部分人积极应对，另一部分人则完全接受不了。有人告诉我那段经历对一些人来说是一种终极考验。人力资源部请来了治疗师和心理顾问，一个前员工回忆道，"那段经历教会了我们学会同情，因为每个人都会有失去控制的时候"。通常情况下，来自个人生活和工作上的挑战会触发我们的神经，我们会陷入不知所措之中。"我们学会了这一切都是可能发生的，这没关系，并且每个人都可能经历这样的时刻。"他回忆道。

然而，和我谈话的人中也有从这段经历获得鼓舞的。"我认为，公司能有这样一段经历实属好事，并且我从中受益匪浅。"另一个人告诉我，"公司也从中吸取了很多教训，这会让公司变得更好。"

林顿自己也说，他从中学到的最重要的一课就是决策中什么最重要，"你不能被推到聚光灯下却无动于衷"，他这样告诉《华尔街日报》。

小 结 | 索尼影业黑客事件

- 黑客和普通人一样，也会读新闻，而且他们会密切关注那些对自己的野心产生影响的机会和威胁。

- 如果你觉得自己成了黑客的目标，请尽快联系当地的政府部门。

- 不要指望政府能介入并预防黑客侵入，这是十分困难的。不过他们会给你指导，告诉你威胁之所在。维护安全依旧是你自己的事情。

- 也许有一天，整个公司的计算系统会被洗劫一空，你需要提前做好准备和演练。不仅是黑客的问题，火灾和其他灾难也可能发生，并造成同样的结果。

- 你的异地备份服务器也可能遭到洗劫，同样需要做好准备和演练。

- 在这种情况下，你需要认识到，工作人员的士气取决于复原工作是否顺利进行。而组织能否挺过这类灾难，则取决于工作人员如何应对这一切。

- 如果你不希望自己的邮件内容出现在报纸头版或是新闻网站上，一开始就不要写进邮件。电子邮件不是一个安全的媒介，之前随便的一句话可能会在未来阴魂不散。换一种方法，面对面交谈、电话交谈或是使用安全的聊天 App。

- 听从组织底层发出的警告。

- 普及有关黑客和网络安全的专业知识。

- 不要把密码保存在很多人都能访问的单个文件里，那里基本是黑客第一时间开始找的东西。

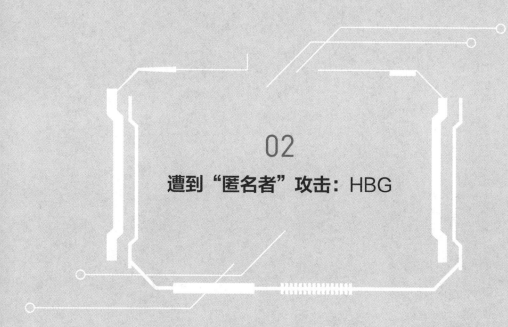

02

遭到"匿名者"攻击：HBG

这种做法是前所未有的。

——不具名的微软程序员
在 1995 年发现了 SQL 注入技术

2011 年 2 月的一个周日的夜晚，是第 45 届"美式橄榄球超级碗决赛之夜"。正在进行的匹兹堡钢人队对绿湾包装工队的比赛，是美国电视史上最受欢迎的盛事之一。但是艾伦·巴尔并没有收看节目，此刻他正在试图接入 HBG Federal 的服务器。HBG Federal 是他任职的一家网络安保公司，主要负责对美国政府提供网络安全保护。

下周，巴尔将在一次会议上做重要的演讲，此时他正在修改内容。《金融时报》对他进行了一次独家专访，并将内容发布到了网上。这次演讲的主题是社交媒体和相关网站的潜在安全问题，他将展示如果将脸书、推特和领英上的信息绑在一起，他人就能精准地识别出用户的真实身份。他告诉《金融时报》，他已经渗透进美国军事集团和美国核电站，并识别了其中一些成员的身份，甚至如果给他们发送附有恶意软件的钓鱼邮件，而他们一旦打开了链接，他就可以在他们的电脑上安装间谍软件。

巴尔还说，他可以使用同一技术识别出"匿名者"的核心成员。匿名者是一个业余黑客集团，曾侵入过大量网站，并于 2010 年 12 月让 PayPal 和 Visa 一度陷入故障。当时包括 Paypal 和 Visa 等企业正在对维基解密撤资，而匿名者对此进行了报复。

然而那天晚上，巴尔无法连接上 HBG Federal 的服务器。

2003 年，网络安全已经是一个蓬勃发展的行业。随着宽带速度越来越快，公司具备了更强的计算能力，安全漏洞也随之变大，随时面临着遭受欺诈和盗窃的危险。越来越多的黑客偷走了大量公司的财富，斗争也跟着浮出水面。当时的格雷格·霍格伦德 (Greg Hoglund) 已是一名著名的网络安全研究员，1999 年他以自己的名义在著名的黑客杂志上发表了关于 rootkit 的文章。Rootkit 是一种特殊的恶意软件，能够无痕地监视 Window NT 系统的活动。对此，他在黑帽安全技术大会 (Black Hat Conference) 上做了一系列关于 rootkit 的技术演讲，并成立了一家网络安保公司——HBG。

随着公司的壮大，霍格伦德逐渐意识到，与美国政府的合作可以给他带来的丰厚利润，商业机遇很大，但公司的结构也出现了矛盾。

于是，2009 年 12 月，他成立了分公司 HBG Federal，专攻网络安全领域。其创始资本为 25 万美元，新上任的首席执行官艾伦·巴尔出资 3.5 万美元，首席运营官特德·维拉出资 3.5 万美元，霍格伦德的妻子佩妮·莱维·霍格伦德出资 8.75 万美元，剩余 6.25 万美元来自 HBG 本部，还有两个较小的股东共投入了 3 万美元。

巴尔曾在美国海军担任过 12 年的密码学家、程序员和系统分析员，之后他成了诺思罗普·格鲁曼公司的安防承包商，再后来他成了该公司网络安全方面的总工程师。他看到了机会，他拥有 20 年的计算机经验，他了解黑客文化，比起做一个大型国防承包商，他希望能参与网络安全方面的创业。

尽管发展势头不错，但网络安全公司的前景依旧不明朗，HBG Federal 面临着激烈的市场竞争。公司很难拿到合约，也没有达到内部的收入预测指标。公司需要一场巨大的商业胜利，证明自己的长期潜力，或者使自己能以更有竞争力的价格被收购。

同时，巴尔对匿名者有着浓厚的兴趣。匿名者是一个无组织的黑客团体，兴起于讨论区，随后转战互联网中继聊天服务器，他们声称自己要帮助世界走向正确。

在信息安全论坛上，巴尔将焦点指向了基层用户，他决定详细介绍下社交媒体的安全风险。

在公司内部邮件中，他说明了自己的想法，并讲述了那些试图保持隐身的人可能遭遇的风险——只要你使用社交媒体，你就是可识别的。"社交媒体可能是下一个巨大的漏洞，"巴尔写道，"在考虑论坛的主题时，我想说明一下为什么社交媒体会带来巨大的风险。"

巴尔告诉邮件组的高管们，他知道匿名者是一个有争议的组织，他使用了专有的分析工具和社交媒体分析方法将该组织成员的 IRC 昵称与真名联系了起来。他表示，对于匿名者中的 30 余位核心成员，他能够识别大多数人的身份，实际上他还找到了更多的普通成员，但他不打算费心做进一步的研究。

他在邮件中强调，他没有恶意，他只想通过这一结果证明社交媒体是每个人都需要关注的重点。他无意揭露用户的信息，他只想证明，如果他能推断出这些匿名者的身份，那么行业重要人物也同样暴露在危险之中。"我希望匿名者组织能够理解我的意图，不要将我的研究过程放在心上。"

希望，正如他说的，希望萌生永恒。

请勿窃听蜂巢

很难找出是谁控制着匿名者，谁都可以进入匿名者的聊天室，旁观或是加入，其中不乏技术娴熟、知识渊博的专业黑客。也有一些人几乎没有什么黑客经验，只有一长串的理论。匿名者聊天室的信噪比很小，有才华的黑客通常会寻找同类，然后进入私人 IRC 聊天室，他们在里面讨论技术，而不被他人打扰。

匿名者采用类似蜂巢的行动方式。首先，他们通过内部的讨论，决定对外部事件的处理方式。其次，如果蜂巢遭到了来自外部的攻击，他们会对目标表示出很强的反攻击性。如果有足够多的黑客想要攻击你，你会惹上大麻烦。

约瑟夫·梅恩于 2009 年 3 月加入了《金融时报》，他负责技术领域方面的报道，主要研究信息安全和隐私保护。过去他在《洛杉矶时报》和《彭博新闻》工作了很多年，撰写有关商业与技术方面的新闻，并对新兴的黑客文化和商业黑客非常感兴趣。

HBG 的公关部人员发来了一封电子邮件：巴尔要做一次演讲，讲述如何找出匿名者的关键成员，想和他谈谈吗？

"我同意了这次采访，因为我觉得巴尔的议题很有趣，匿名者和当局都试图阻止这次演讲，这也是当下最热的话题之一。"梅恩解释道。

梅恩回想起来，从拟稿到采访再到撰稿，用了不到24小时。这是一次有趣的尝试，有很多有趣的新闻元素，但是调查的内容却不多。"对于他能做什么，他有一个合理的解释，我觉得这值得我去采访。"

报道的开头是，"我们进行了一次国际调查，曾恶意攻击过维基解密的商业网络活动分子的高层人员可能会被逮捕"。该报道援引了巴尔的话称，巴尔已经确定了该组织高级成员的等级和位置，人员遍布英国、美国、德国、荷兰、意大利和澳大利亚。尽管有近100名成员，但其中只有约30人稳定活跃，组织由10位最资深的核心成员领导着。巴尔说，为了向他人展示社交媒体和网络的安全风险，他已经渗透进了该组织。

但在匿名者看来，这不像一次例行公事的报道。在PayPal和Visa的攻击中，已经有英国成员遭到了逮捕，之后还可能会上法庭。巴尔已经渗透该组织的发言并没有吓倒他们，但报道中讲他很快就会在论坛上介绍自己的研究成果，这无疑给匿名者敲响了警钟，IRC聊天室开始草木皆兵。

对巴尔来说，他无意帮助美国或英国政府逮捕匿名者成员，他只是想证明自己的猜想，并让那些公开自己社交账户个人资料的人保持警觉。尽管社交媒体呼吁用户分享所有的生活细节、想法和经历，但巴尔却认为你根本无法控制自己的读者如何使用你分享的信息。为了证明这一点，他创建了一系列脸书僵尸账号，用于观察和交流。

服务器依旧没有任何响应，巴尔有些不安。起初他以为系统出现了故障，"然后我的推特和IRC都收到了消息"。

推特是最重要的线索，他的账户被黑了，黑客用他的账户说明了自己的身份。之后，很多人给他打电话，证明不仅是他的账号遭到了侵入，还有人闯入了 HBG Federal 的系统，试图浏览所有的内容，电子邮件、演示文稿等。

幕后主使也很快表明了身份——匿名者，但他们是如何侵入一家网络安全公司的系统的呢？

让我们回到 1995 年。

95 种读取数据库的方法

安德鲁·柏拉图在微软做着最不有趣的工作。20 世纪 90 年代中期，西雅图是这个世界上最让人兴奋的地方之一，所有在售的个人电脑都使用微软编写的软件，人们会在午夜排队，等着购买新的操作系统 Windows 95，并将其安装在自己的个人电脑上。而几年前，几乎没有人知道操作系统是什么。

柏拉图当时 26 岁，是一名技术文档工程师，但他并不编写软件，他只负责记录软件的功能和工作原理，让人们理解该如何使用软件。"我负责产品开发的文书工作，给开发人员和数据库管理人员提供操作手册和使用手册。我的主要工作是编写数据字典，记录数据库的结构。"柏拉图说。

尽管 Windows 95 大获成功，微软还是在互联网的兴起中走进了"死胡同"。正如柏拉图说的，他们急于将其产品与新的、民主化的网络结合起来，其中的一个尝试就是 SQL 服务器。SQL 是一种用于查询与更新数据库的语言，尽管它十分简单，但它可以整合复杂的数据库，提供精准的查询。

柏拉图做的是并不复杂的基础工作，他需要编写 SQL 查询，然后测试它的预期反应。"这个工作有些辛苦，"他说，"我有时需要验证数据库中数百甚至上千个表格，我总是试图寻找能提高效率的方法。"

　　为了节省时间，他在 Windows 的文本编辑器记事簿上存储了一些查询语言，然后粘贴到 SQL 服务器数据库的程序中。这是个十分乏味的工作。

　　1995 年 9 月底，他犯了个错误，将 SQL 查询发布在了微软最新推出的 MSN 社交网站上。"我在注册账户的时候输入了自己的信息。"他没有意识到自己的错误，并按下了发布键，用于检查数据库内部工作的查询语言上传至了数百万 MSN 注册用户的线上数据库中。

　　"而那些破译员看到 SQL 查询之后就会执行。他们做了，并反馈给了我，我的屏幕上出现了数据库字段里的所有数据。"

　　从某种意义上说，柏拉图对数据库进行了黑客攻击。更确切地说，他执行了 SQL 注入攻击，通过向浏览器注入 SQL 命令，发现了数据库的安全漏洞。

　　柏拉图一开始并没有意识到发生了什么。

　　一开始的时候，我觉得，"哇，这太酷了，我都不知道还能这么做"。并且这确实方便了我的工作，我不用从命令行窗口复制和粘贴内容了，而在浏览器中进行显然更容易些。

　　但他很快想到了一个问题。"如果这个网站可以这么做，别的网站也可以吗？如果我在一个网站上提交 SQL 查询并执行，我是不是就能看到其他数据库的全部内容？"

周末，他在甲骨文、IBM 和惠普等多个网站上尝试了自己的想法：

我差不多黑了二三十个网站，并提取出了数据，我能搞到用户账号等详细信息。我只需要搞清楚数据库结构，这不是很难，因为你可以提交一个查询数据库结构的命令。

"我知道桌面上人们存储信用卡账号的地方，"他在网站上输入了一个SQL查询，"然后我的浏览器窗口就出现了上千个信用卡账号清单。"

这是一个充满可能性的世界。柏拉图的面前打开了一扇门，邪恶的峡谷向他发出了召唤。他想，"我可以用这些信用卡信息买东西，我知道这是不对的。但是如果我能做到这一点，其他人也可以，我应该告诉别人这个问题"。

他告诉了他的上司这一点，上司回复说会在周二的晨会上说这件事，时间是 10 月 10 日。

周二的晨会是微软研发人员商量重要议题的场合，哪些部门出现了问题，哪些部门有发展前景，都会在会上讨论。微软研发人员是从数千人中选出的行业佼佼者，他们在微软的主导地位也愈发明显，更是表现出了傲慢的倾向。微软在计算机领域一骑绝尘，这使得研发人员都很有自信。"他们是神，可以为所欲为，尤其是高端开发人员，他们掌控着大量的资金。"柏拉图说，"那个时候，各种资源和项目都源源地涌入。"

柏拉图既激动又紧张。

我当时疯了。我想，他们会看到这个问题，并且会由衷地佩服我，我就可以炫耀我的编码技术了。我以为我可以升职了，我还可以跟比尔·盖茨一起工作了。我满脑子都是这些事。

　　周二早晨到了，柏拉图紧张地出席了会议。其中一位经理让他上前，"安德鲁，给我们展示一下你发现的漏洞"。周二的会议经常会讨论网站的漏洞，并商议如何修复这些漏洞。

　　"我登录了网站，输入了基本的 SQL 查询，选择了全部用户，然后将一些基础表格命令放入表单域，按下 enter 键，然后所有的数据就出现在我面前了。"他解释了自己之前如何将 SQL 查询输入数据库，如果他可以，任何人都可以。

　　他等待着黎明的来临，等待着编程大神们能看到这个系统安全的漏洞，任何一个略懂 SQL 命令的人都可以利用这个漏洞。

　　沉默持续了一会儿，然后有人说话了："我没有听懂，你想说什么？"

　　"你可以直接通过浏览器查询后端数据库，"柏拉图回答道，"我在家也能做到。"

　　"然后？"

　　不知是恼火、愤怒还是惊讶，柏拉图进一步威胁道，"我在浏览器上用 SQL 查询得到了信用卡数据。这非常严重"。他犹豫了一会，这不是一个弱点，更是一个漏洞，"这很严重，任何人都可以这么做"。

　　即便是在 20 年后，柏拉图回忆起那段经历，依旧情绪高涨。沉默又一次蔓延开了：

　　那个时候，一个大胡子研发员说话了，我有些佩服他。他总是穿着运动裤，但人非常聪明。我记得他会在微软的办公室里堆满 12 层高的易拉罐。那家伙总是像个流浪汉，但他真的很厉害。

那位超级聪明的研发员看着柏拉图。

我记得他说，"这纯属浪费时间，这根本不算什么"。因为大家都很佩服他，所以其他人也没把我的话当回事，我彻底跌入了谷底。

我隐约记得他说，"没有人会做这种事的"。另一个家伙也附和道，"你不是技术文档工程师吗？回去做你的工作吧，不要在这里浪费时间了"。我感觉自己做错了事，纯属浪费时间，自己就像个傻瓜。

柏拉图仍然记得那种羞辱感。

但是柏拉图没做错，他确实发现了一个严重的漏洞，并且这可能会影响所有联网的数据库驱动系统。几年后，罗布·格雷厄姆在讨论一种"新的"黑客技术——通过浏览器输入 SQL 命令，柏拉图心想，"浏览器跟 SQL？这听起来太熟悉了"。

一流的在线杂志发表了一篇文章，柏拉图读了那篇文章，"这就是我 4 年前做的事情，好了，现在有人证明了这种方法，全世界的人都知道了"。

他当时为什么不发表自己的发现呢？"事后说起来自然容易，但我要去哪里发表呢？我要如何处理这些信息呢？我不知道。"

发表这篇文章的黑客真名叫杰夫·福里斯塔，目前经营着一家安全公司，正是他发现了 SQL 注入技术。但是第一个发现的人，事实上是安德鲁·柏拉图。

病毒软件的涌入

"准备好，病毒软件将要涌入。"2011 年年初，HBG 在互联网数据中心（IDC）的演讲中曾发出过这样的警告。"这意味着零日攻击和

APT 攻击不再需要签名，我们需要警惕恶意软件。"报告还指出，"安全已经与情报息息相关。"

零日攻击指的是发现了一个从未公开发布的漏洞，而被攻击的对象也意识不到这个危险。APT 攻击指的是高级可持续的攻击，软件潜入目标电脑的系统，输出数据，并留下后门。从 HBG 的预防策略可以发现，他们主要防范的威胁是网络钓鱼邮件，并承诺将通过数字 DNA 提供持续的保护。

大家都知道 HBG 和黑客打交道，但巴尔的声明过于大胆，没有人保证他不会报警，匿名者也想知道他到底调查到了什么程度。

随后，黑客开始查看 HBG 和 HBG Federal 的公开信息，并着手研究 HBG Federal 的网站，因为巴尔就是在那里开始研究的。

黑客的第一个发现是，HBG Federal 经营着一个客户内容管理系统，他们将内容放进模块化的网页里。黑客的第二个发现是，SQL 注入漏洞。

找到一个 SQL 注入漏洞要多久呢？15 分钟。

漏洞在于，客户内容管理系统只有 26 页内容，如果让它检索不存在的第 27 页，那因此反馈的错误信息就成了黑客获取内部数据库信息的钥匙，黑客可以通过 SQL 查询错误信息以进入 URL 地址。

通过这种方法，黑客就能访问 HBG Federal 网站工作人员的用户名跟密码。密码由 MD5 系统加密，相对来说比较容易攻破。MD5 是一个散列系统，它对输入执行数学运算，表示为二进制位，并能输出一个单一的 128 位的摘要。只相差 1 位就能有完全不一样的输出，所以没有反向破解 MD5 散列的方法，这在数学上的难度无异于让一个破裂的鸡蛋复原。如果有人登录并给出使用 MD5 散列编码的密码，系统会比较存储的散列和输入的散列，如果它们吻合，输入的密码就是正确的。

但如何吃鸡蛋取决于烹饪的手法。人们喜欢选好记且不常见的密码，最简单的方法是将 MD5 应用到庞大的通用单词和密码字典中，然后对结果进行比较。

匿名者获取了散列密码数据库，并前往提供反向查询的网站 Hashkiller，该网站声称有超过 1 万亿的破译散列。

黑客将散列发布到 Hashkiller 后，几秒钟内，就破解了 3 个密码。90% 的散列密码均遭破译，而他们此时最需要的是巴尔的密码。

这不是一个安全系数很高的密码，密码测试仅给了它 32 的安全系数。密码学专家认为，现代技术只需要 1 分钟就能破解这类密码。

巴尔还犯了个关键的错误，他重复使用了自己的密码，他的邮箱、推特和领英账户都使用了同样的密码。维拉给公司服务器提供了登录名，然而，它只是一个普通账户，并没有管理员权限。管理员权限能控制系统，访问所有用户的文件。服务器存在安全漏洞，可以把普通用户升级为管理员，这叫特权升级。

巴尔的邮箱是下一个目标，黑客登录了巴尔的 Gmail 账户。

谷歌的安全系统需要用户提供密码和随机生成的一次性验证码，它本可以抵御黑客的侵入，但巴尔没有启动双因素认证。黑客现在控制了 HBG Federal 和 HBG 的内部邮件系统，开始把所有的电子邮件和相关文件（达千兆字节）复制到自己的系统中，并检索其中特别的单词、短语和文档。

黑客开始搜索关键词，"匿名""联邦调查局""密码""SSH"和"FTP"，他还看到了巴尔跟 FBI 以及匿名者部分成员的通信记录。黑客监视着巴尔的行动，巴尔给朋友发了一封邮件，其中包括一个 IRC 聊天室的截图，吹嘘匿名者肯定不知道自己在监视他们。黑客也掌握了巴尔在聊天室的网名。谷歌没有多台设备登录提醒，因为有很多人会同时在手机、平板电脑、家用电脑、公司电脑上登录系统。即便授权了双因素认证，这也只能提供最低限度的保护。

在计算机安全领域，巴尔已一丝不挂。

最终，黑客进入了运行 rootkit.com 的服务器，这里是霍格伦德建的，他是这方面的专家。这里的安全性强得多，管理员需在 HBG 防火墙内部登录，所以即便黑客有霍格伦德的密码，也无法在 HBG 系统外登录。

为了解决这个问题，黑户不得不采取非技术性的方法，他以霍格伦德的名义给 HBG 的技术支持部门发了封邮件。黑客经常会伪装成某位高管，进行社交建设攻击，声称自己丢了设备或者忘了密码。黑客伪装成霍格伦德，说自己现在在欧洲（那里已经是晚上了），想要技术人员打开防火墙，让他重置密码。

有的时候，人类自身就是最容易崩溃的防线。技术支持部门的人没有理由怀疑霍格伦德邮件的真实性，尽管一个细心的人肯定会怀疑为什么他想从外部登录，还需要修改密码，并且忘记了用户名。但黑客进入了霍格伦德的邮箱，他能看到过往的邮件，还模仿了对方谈话的风格。

对于这类事情，没有规定人们要去通过电话或者其他系统来确认对方身份。服务台打开了防火墙，并重置了密码。

入口处的灾难

入口打开之后，黑客登录了网站，获得了更多的数据和受 MD5 保护的密码。匿名者攻破了网站，然后共享了所有的邮件、文档和演示文稿。

对一个商务网站来说，这一连串的安全失误已经足够糟糕了。而对一个经营网络安全业务的公司来说，这无疑是一场灾难——SQL 注入的弱点、重复使用的密码、3个月未修补的漏洞。SQL 注入是第二种最常见的侵入方法。而业界估计，大约 30% 的用户在很多地方都会重复使用密码。所以，社交建设可能是最常见的黑客行动，也就是所谓的网络骗局。

周日，美国东部时间晚上 10 点左右，匿名者聚集在一个名为 "#phbgary" 的 IRC 聊天室，讨论着战利品和该如何庆祝。他们向感兴趣的记者散播消息，第一批报道开始出现在了新闻网站上。巴雷特·布朗是一名记者，他对监视技术很感兴趣，美国东部时间晚上 8 点 29 分，他在《每日邮报》上发表了一篇标题为 "Anon 接管了 HBG Federal" 的新闻稿。

布朗表示，匿名者很精准地在 1 个小时前控制了这家互联网安全公司的网站，获得了 6 万封公司电子邮件、已删除的备份文件，还控制了巴尔的推特账号，并接管了创始人建的 rootkit.com。匿名者还找到了一份巴尔撰写的文件，里面清楚记录着巴尔试图定位和找到一些匿名者的关键成员。

黑客很怕被人肉信息，担心线上的信息会暴露自己的位置和真实身份，那样警察肯定会找上门。但在阅读了巴尔的演讲内容后，他们发现似乎没有什么值得担心的东西。匿名者成员使用过的很多名字显然是捏造的，也有几个名字是正确的，其中一个是因为自己用了真名去注册网络域名，后来又在匿名网站中提到了这个域名。

同时，HBG Federal 的主页也变成了一个截图，上面写着："你想要咬匿名者的手，现在匿名者就来咬你的脸。你期待着我们口头上的反击（正如你在邮件中说的那样），现在你已经收到了来自匿名者的愤怒。"

他们还使用巴尔的密码，复制了他的 iCloud 账户，并远程格式化了他的 iPad。

巴尔、维拉、霍格伦德以及莱维陷入了危机，巴尔说道：

我们内部讨论了最坏的结果，根据匿名者之前的行为来看，我们认为他们可能会对我们的网站进行 DDOS 攻击（分布式拒绝服务攻击，能有效让网站下线）。我们的客户都在使用这些网站，所以我们觉得会产生些问题，也做了些补救措施。但接下来匿名者的行动却超乎我们的意料，也从未有过这类先例。

他们低估了匿名者，像微软那些傲慢的程序员一样。他们没有意识到，一个不安全的网络界面一旦暴露于无限的互联网上，就意味着它向整个网络世界开放了，其中包括其他心怀不轨的人。HBG 认为，他们熟悉互联网以及来自黑客的威胁，但这一想法本身就不成立。

处理危机

问题就在于，HBG Federal 没有紧急应急方案。"我们公司才刚起步，成立不到 1 年，仅有 5 个员工。和大多数初创公司一样，我们不会在第 1 年就做好了所有准备。"巴尔说道。

现在巴尔的推特和领英账号也被盗了：

我还记得那是星期一，我有一种不好的预感，我意识到我们所有的邮件都被盗了，并且黑客还威胁我们要公布这些邮件，那种感觉好像自己家遭到了侵入。我感觉受到了侵犯，没有丝毫隐私。

与入室盗窃不同的是，内容并没有被拿走，而是被一点一点地展示给全世界看。

巴尔曾让霍格伦德的妻子莱维进入匿名者的聊天室，那里的黑客正在进行激烈的讨论。她在东部时间晚上 11 点登录，并为自己不熟悉 IRC 系统而道歉，"对不起，我第一次用这个系统，可能会有些慢，我不像你们那样老练"。

有人问她，知不知道巴尔一直在搜索匿名者的信息，并且收集了一长串名单。"他没打算交给政府，"她写道，但她又补了一句，"我们还没看到那份名单，都有点恼火。"

莱维进入聊天室的目的是从下载记录里清除 HBG 的邮件，但那几乎是不可能的，这些邮件不可避免地在多台机器上留下了记录。

无果的谈话持续着。匿名者确定巴尔将在周一跟 FBI 举行会议，并要把自己的发现卖给他们。莱维被大量的信息淹没了，她只有一个人，却有上百人发出了指责、质疑、侮辱的话。她在聊天室里待了超过 90 分钟，没有说服任何人，也没有清除 HBG 邮件的公共下载记录。匿名者中有人建议莱维开除巴尔，莱维争辩道，"我无法开除公司的股东。你们的所作所为是违法的，并且会自食其果"。莱维还注意到，HBG Federal 的网站有 SQL 的弱点，这个网站是一个外包公司建的，"我们解雇了他们"。

稍后，霍格伦德本人代替妻子上线，他问道："你们知道公布这些邮件会给 HBG 带来上百万美元的损失吗？"

领头人回答："放轻松，我们会不会公布这些邮件，将取决于你跟你妻子的行动。"

霍格伦德问道："你们注意到了吗？攻击一家美国公司并窃取私人数据，这是你们从未做过的事情。"

这次确实是匿名者僭越了。黑客的反应从最初的好奇到自我保护，转而又陷入了一种自己在 1 个小时内占领了一家公司网站的兴奋。

匿名者内部也意识到这次行动改变了传统业余黑客的格局，也改变了匿名者的地位。他们攻击了一个美国联邦政府的网络安全承包商，而且采用了很多技术，比如社交建设、SQL 注入以及密码破解。

梅恩曾在路透社工作，也负责这一领域，他回顾起那个周末发生的前所未有的事件，"它毁掉了巴尔，并导致了鲁兹安全（黑客团队）的成立，这一切后来演变成了最壮观的黑客狂欢"。

鲁兹安全由聊天室的一些参与者组成，他们持续侵入多家政府网站。除了一人，所有人都被逮捕和判刑了。

当时，巴尔、维拉、霍格伦德和莱维还试图做点什么。匿名者正在公布 HBG Federal 的内部文件，接下来就是 HBG。在这个过程中，他们可以补救，也可以直接忽略。但如果他们忽略了，不就给了误解的人们自由发挥的机会吗？巴尔建议道：

信息公开时，总会有某种程度的误解。我们必须从成见出发，努力做些什么，特别需要考虑客户以及合作伙伴的利益。这十分有挑战性。

他对这次经历感到十分沮丧，对于一个长期和媒体打交道的人来说，这大大影响了他的工作和生活。他说，有太多的信息可供记者发挥，"公共域名有我们 66000 封邮件，如果你想大做文章，只需要逐一下载就行了。但我不希望你原文呈现，我希望你能弄清楚事实"。

回想起来，他认为自己需要保持沉默，并拒绝了一切事后采访。这是很难做到的，故事远远没有结束。

巴尔试图表明自己的立场，"当你面对那么多反对的意见，你不能去抗争。最终，时间会冲淡一切"。

黑客事件的余波

很多的东西都需要从头再来。黑客事件引起了一系列问题，邮件泄露了 HBG 正在进行的工作，迫使他们取消了近期的演讲和相关的项目。除了数据遭到窃取，HBG 的员工还在展销会上受到了很多暴力威胁。几天后，喜剧演员斯蒂芬·科尔伯特在一次晚间节目中猛烈抨击了 HBG Federal 和巴尔。

2011 年 3 月 1 日，黑客攻击发生 3 周后，巴尔辞去了 HBG Federal 的首席执行官一职，"我一直都遭到媒体的恶意攻击，我希望在我辞职之后，HBG 和 HBG Federal 能够回到正轨"。

2012 年 2 月 29 日，HBG 在黑客袭击发生后的 1 年内，业务出现了意想不到的增长，并宣布被国防信息安全技术服务提供商美泰科技（ManTech International）以未公布的数额收购。"这是个大新闻，有一家价值 10 亿美元的公司支持我们，"霍格伦德说道。而后来，HBG Federal 因不在收购范围内，倒闭了。

侵入 HBG Federal 的黑客也已伏法，并被判入狱。他现在在一家测试公司工作，相同的是，他能轻松发现一家公司系统的弱点，不同的是，他现在能拿到报酬。

柏拉图现在也经营着一家安全公司，并经常看到 SQL 注入攻击：

我们需要理解大多数软件是如何运作的。它们需要快速进入市场，拿到资金、客户和点击量，这样就能得到投资者的资金注入。当你试图做成点什么时，就得不断向前，而减少对当下问题的关注度。你可以走捷径，从别人那里以不当的手段借用代码，系统也会因此变得容易被攻破。很多公司都是这样，当其一蹶不振时，他们需要承受着压力去做点什么，以打破当下的僵局。然而他们并不能真正地解决问题，而只是将问题复杂化了。即使他们最终成功了，他们也无法关闭所有的后门，这些将成为他们需要面临的新问题。

这是一个影响 IT 和软件开发的问题。研发者总是不停地关注着下一个问题，被驱赶着前进，所以面对的问题是无限的，问题永远不可能真正得到解决。

小 结 | HBG 黑客事件

- 黑客的性格多少会有些偏执，甚至有时会狂妄肆意。如果想要通过声称自己拥有对方的个人信息来威胁黑客，那么首先请确保信息的准确性。此外，如果你要将其公之于众，那请在这之前检查自己的网络防御，以防范对方可能发起的反击行为。

- 请不要重复地使用单一密码。如今有许多密码管理设备，可以帮助你记住密码。并且如果在多个设备、账户上使用单一的密码，那么密码被盗窃后，很有可能会导致你所有的账户都受到损害。

- 请在电子邮件等其他系统程序上启用双因素认证。不要使用基于 SMS 短信的双因素认证，因为黑客可以绕过它，甚至是直接侵入它来盗取你的账户信息。

- 请了解访问、修改账户个人信息的凭证需求。假设有人冒充用户向用户服务中心致电，声称自己遗忘了密码，那么他需要提供哪些信息凭证，就可以通过服务中心访问账户信息，甚至是修改账户密码？

- 如果有人发送电子邮件（诈骗邮件）至用户服务中心，那么他们是否能够通过这一手段访问用户的账户信息？

- 假设你的电子邮箱被黑客侵入了，并且他们将邮件内容公之于众了，你该如何应对？提前做好应对方案。

- 黑客会为了报复而发起攻击。

03

约翰·波德斯塔的电子邮件:
民主党的总统竞选

你的个人邮箱是你在网上做的所有事情的门户。如果邮箱被黑了，你所有的账户都会随之崩溃。

——马特·塔伊特，Ex-GCHQ 信息安全专家

　　黑客攻击事件改变历史进程的例子十分罕见，而约翰·波德斯塔的邮件门就是其中的一例。

　　自从人类意识到跨时区的沟通的重要性之后，邮件就一直是异时区间网络沟通的命脉。但邮件有一系列的缺陷：缺少加密性，很难验证发件人身份，发件过程中存在被窃看的风险，也很难确认收件人是否收到和读过邮件。而其他的聊天系统能弥补这些缺陷，它们能提供加密验证功能，能显示消息发送状态以及收件人的阅读情况。尽管如此，电子邮

件依然存活了下来。

如果你参加美国总统竞选，那你必定需要用到邮件。竞选是一项十分繁重的工作。竞选人在美国各个地方都需要建立自己的团队，并且各州、地区的情况也各有不同，需要专门成立相应的小组，同时还需要向媒体提供全方位的信息。早期阶段，竞选的斗争并不存在于不同的党派之间，而是主要针对同一党派的其他对手，所以竞选人需要巧妙调整信息和演讲内容来吸引选民的注意，重点不是那些在党派之间摇摆不定的选民。因此，协调好说辞十分重要。保密工作也十分重要，一旦竞争对手知道了你的计划，他们会提前准备好回应的方式，甚至直接在你宣布计划时击溃你。为了赢得这份象征着权力的工作，竞选人不惜投入数百万美元，这不是业余人士能参与的生意。

2015年1月，希拉里·克林顿雇用了刚满66岁的约翰·波德斯塔担任竞选总干事和参谋长，随后，她正式宣布参与竞选。他们彼此很熟悉，波德斯塔曾在1998年10月至2001年1月担任比尔·克林顿总统的白宫办公厅主任，处理大小事务，包括总统弹劾案的危机。之后，波德斯塔也曾服务于奥巴马总统，他同时还是乔治敦大学法学院的客座教授。总之，他经历了很多事情。

2015年4月，希拉里·克林顿通过YouTube宣布再次向民主党总统候选人发起挑战。经过一场惨烈的冬季竞选后，2016年2月1日在爱荷华州举行的第一次民主党初选上，希拉里陷入了和74岁的伯尼·桑德斯的拉锯战。

6周后的3月15日，希拉里在密苏里州、俄亥俄州、北卡罗来纳州、佛罗里达州和伊利诺伊州的民主党初选中获胜，但仅占微弱的优势。尤其值得注意的是，在密苏里州，票数差仅为0.2%。

而在 3 月 22 日，理论上说希拉里足够赢得提名了，但桑德斯在亚利桑那州、爱达荷州和犹他州的初选结果中仍占据优势。希拉里的压力空前剧增，这场竞选的结果扑朔迷离。

如果将数百人组成的竞选团队比作一家中型企业，希拉里就好比首席执行官，而波德斯塔则是负责各项事务顺利运行的首席运营官。以核心小组为中心，整个团队分为不同的地区小组和主题小组，进而形成复杂的互相关联的任务网络，最后朝着同一个目标努力——让希拉里当选美国总统。波德斯塔指导各项行动，包括要访问哪些州、促进哪些政策、淡化哪些举措，并收集从初期到后期的所有潜在对手的信息，进行对手研究。

选举团队内部存在着一定程度的代沟。高层人士见证了互联网的成长。互联网从一个学术怪胎成长为如今的奇迹，并在竞选和组织活动中扮演着愈加重要的角色。而底层人士大多生活在以互联网为大背景的智能手机时代。他们更习惯用脸书和 Snapchat，邮件不是他们的强项。但是，竞选的构思与筹备都来自高层人士，来自那些参与且组织过竞选的人。

大家都知道安全的重要性。因此，2016 年 3 月 19 日，星期六，波德斯塔的邮箱里弹出的邮件引起了人们的担忧。发件人显示是谷歌的官方发件人，地址是 no-reply@accounts.googlemail.com，邮件主题写着"有人掌握了你的密码"。

内容更是引人担忧，"嗨，约翰，刚才有人试图用你的密码进入你的谷歌账户 john.podesta@gmail.com"。邮件详细说明了请求访问的账户来自乌克兰，IP 地址和乌克兰移动运营商的 IP 地址相匹配。"谷歌刚刚阻止了登录请求，请立即更换您的密码"，邮件提供了一个更换密码的链接。

一开始,希拉里的竞选团队面临的最大问题,就是媒体持续报道的"邮件门"事件。2008 年的总统竞选期间,希拉里在纽约的家里安装了私人电子邮件服务器。2009 年,她被任命为国务卿,在那之后,她一直使用自己私人的服务器访问邮件,其中包括国务院的邮件。2013 年,她的服务器迁到了新泽西的数据中心。2015 年 8 月,希拉里一直使用私人系统处理官方和非官方事务一事昭告天下,FBI 随即展开了调查。直到 2016 年春季的初选活动,这一调查行动仍在继续,前安全主管暗示一定是黑客导致了秘密的泄露。他们没有证据,但这一切过于明显。希拉里对此不以为意,声称自己没有在系统中存储任何敏感信息,也没有证据表明她有违规行为,但这依然给竞选带来了负面影响。直到 FBI 的调查结束前,报纸标题大多将"希拉里"和"邮件"连在了一起。

考虑到接下来的大选竞争形势势必空前激烈,竞选团队对任何与安全有关的字眼都格外敏感。竞争对手也一再提及这一点作为攻击,而希拉里的竞选团队真的不想要任何与邮件、黑客有关的宣传。

邮件弹出来的时候,波德斯塔正在睡觉。那时是旧金山的凌晨 2 点 34 分,下午他将去里根机场飞回华盛顿。

然而此时的东海岸,布鲁克林的希拉里团队总部早已热闹了起来。至少有 3 个人能进入波德斯塔的个人收件箱,其中包括他的办公室主任莎拉·莱瑟姆。出于担心,她将这封邮件发给了竞选团队的核心小组请求建议。若邮箱遭到侵入,后果将无法想象。又或者,这只是一封钓鱼邮件,有人试图用认证邮箱的方式骗取登录信息?

网络钓鱼有着漫长且并不光彩的历史。1995 年 9 月,美国在线服务公司是当时美国最大的互联网服务提供商。首席执行官史蒂夫·凯斯曾自豪地宣布,公司目前拥有 350 万会员。但是凯斯也宣布了一些令人担忧的事情——用户需要定期更换密码，因为有黑客试图或者已经成功窃取了用户的登录信息。"有人会冒充美国在线的员工或者代表，随机向会员询问密码。"他解释道，"在任何情况下，美国在线都不会索要用户的密码。"

同时，这些黑客能精准筛选出那些刚接触互联网、还没从网络陷阱中获取教训的用户，从他们那儿捕捉用户信息。黑客对整个过程操作得十分娴熟。这些黑客会通过美国在线的即时通信软件或者邮件，假扮美国在线的员工，以一些模糊的系统层面的原因，要求用户确认他们的信息。通常是用户名跟密码，并额外要求他们提供姓名、住址、信用卡账号、银行账户和到期时间。

这种行为就叫"钓鱼"。网络钓鱼在严格意义上并不算黑客行为，因为黑客并没有篡改计算机，他们篡改的是用户对于计算机的期待。我们在潜意识中信任计算机，认为它一定会屏蔽掉虚假的信息，它也一定会辨别出伪造的邮件和网址，拒绝虚假的邮件或者网址进入电脑。但是，计算机其实只能执行设定好的任务，如果它收到一条欺骗用户的信息，它一定会尽职地将其呈现给用户。

美国在线竭力打击网络钓鱼行为，其重点就在于教会用户辨别真伪，不要上了假消息的当。对于任一优秀的 Web 前端开发工程师来说，复制任何登录页面的 HTML 都是很容易的，但是这样的操作需要使用入口域连接自己的采样点才能做到。SSL 证书的使用确保了网站的安全性，并且浏览器也可以用 SSL 证书辨认出一个虚假的网站，但大多数人不知道应该注意哪些迹象。

网络钓鱼并没有消失。据加拿大政府估计，2015 年，每天都会有 1.56 亿封钓鱼邮件发出，其中有 1600 万封会抵达用户的收件箱，有 800 万封会被打开。1/10 的人，也就是 80 万人会点击邮件里的链接，这中间 1/10 的人会在钓鱼网站输入他们的详细信息。虽然成功率很低，但是每天仍会有 8 万人上钩。2017 年，谷歌发布了针对暗网的研究，有人在那里贩卖安全凭证。黑客使用这些凭证能够伪装成 Gmail、雅虎或者 Hotmail 登录，其中最受欢迎的一种安全凭证已经有 2599 名不同的黑客在使用，仅 1 年内就用其盗取了 140 万份用户的登录凭证。

即便如此，和那些因数据泄露而暴露的证书量（19 亿份）相比，钓鱼邮件泄露的凭证依旧相形见绌。账户的密码大多可以通过用户名猜得出来，又或者是完全公开的，密码的字符组合都是有限的，用户也倾向于选择一些他们记得住的数字。

即便是加密过的密码也容易受到"字典攻击"，计算机会大量测试现有的单词和字符组合，然后运行加密密码的算法，寻找匹配的密码。高性能 GPU 的出现也为破解密码带来了福音，它们能够高速执行简单的程序。数以亿计的用户凭证在网上随处可见，并且考虑到用户使用密码的倾向，这些账户都可能遭受严重的数据泄露。这也意味着，一次成功的网络钓鱼可能获取用户多个账户的访问权限。

网络钓鱼有多种形式，包括"鲸钓"（针对企业高层管理人员）、"鱼叉网钓"（针对组织中特定职位的人）。像是假装组织内部的某个人，向目标发出带有恶意网站链接的邮件，或是给会计部门发送标题为"发票"的邮件，然而这些邮件其实都带有恶意软件……这些手段都是常见的攻击方式。

我们倾向于认为那些被钓鱼的人是傻瓜，但当你遭遇钓鱼的时候，才知道这是因为一时放松了防备，或者是服务提供商没能很好地拦截虚假登录。事实上，这都是因为我们的信用用错了地方。有时候，成功的网络钓鱼恰恰是因为其巧妙地攻克了人们的心理防线。2013 年，在斯诺登泄密事件后，罗伯特·约翰斯顿开始在海军陆战队工作，他后来领导安全公司 CrowdStrike 对民主党国民会议的黑客事件进行了调查。他的团队发送了一封题为"海豹突击队成功完成追杀爱德华·斯诺登的行动"的钓鱼邮件。"这一标题惊人地有用，点击率空前上升。"他在采访中说。

现在希拉里竞选团队面临的恼人问题是：这是一场网络钓鱼，还是真的有人登录了波德斯塔的个人邮箱账户？

此刻的东海岸，上午 9 点 29 分，莱瑟姆将这封邮件转发给了 IT 服务台经理查尔斯·德拉文，他是 IT 团队里的二把手。半个小时内，他回复道："这是一封合法邮件。约翰需要立刻修改密码，并确保账户的双重身份认证是打开的。"

双重因素认证是提供给只受用户名和密码保护的账号的一个附加安全层。当你试图用新的设备登录，它会给用户单独发送一个信任设备生成的代码。你可以选择输入信任设备或者 App 生成的一次性密码，或者输入原始密码和服务器发送的有效时间约为 30 秒的授权代码。通过这些方式，将新设备加入被信任设备的范围中。

一旦设置好，双重因素认证不会干扰你的任何操作，它不会干扰收发邮件，也不会阻拦你登录社交媒体或者其他账户。只要你在设备上做了这些事情，就代表你已经给出了许可。双重因素验证只会在你使用一个新设备的时候出来阻拦。

对你来说，这可能是有些麻烦，但对黑客来说这却是一堵难以逾越的墙。如果他们的设备无法接收一次性代码，想侵入该账户将会变得很困难。唯一的方法只剩下偷走对方的设备，或者想办法拿到验证码。

然而验证码并不容易拿到手。这个 30 秒验证码系统，也叫作"定时一次性代码"，其被越来越广泛地应用于双重因素认证系统中。用户登录服务器可以通过 SMS 向自己的手机发送验证码，或者由手机上的 App 生成验证码。SMS 比较不安全，因为黑客可以不用偷走设备，而转为偷走手机号，那么含有验证码的短信就被拦截了。

用户通常通过扫描二维码或者输入字符序列进入 App。用户试图登录账户时，App 与服务器会同时使用预定的算法，在 30 秒内生成 40 位的代码，再将其换算成一个 6 位数的数字。只要输入验证码，你就能进入账号了。每隔 30 秒，就会换一个不同的号码。而验证码由登录服务器提供的种子号码生成，种子号码被存储在登录服务器上。不知道种子号码，你就无法预测下一组号码是什么。理论上，只要种子号码在服务器里是安全的，用户的身份就可以被确认了。

大体的流程就是如此。然而问题是，服务器允许设备计算的时间有微妙的误差，并且它不仅会算好现在的代码，而且会留下 30 秒前的代码，并算好 30 秒后的代码。这就给黑客预留了 90 秒的时间。而在这 90 秒内，伪装一个疑似请求登录代码的 Gmail 登录网页，再将这些传送给真的 Gmail 页面就容易得多了。这样的"中间人攻击"(man-in-the-middle attack)，使得黑客可以验证用户的系统，获得用户的密码，进而获得任意时间码。

当然，侵入一个受双重因素验证保护的账户并不容易，如果网络钓鱼做得不好，就会引起服务提供商和用户的怀疑。总的来说，双重因素验证减少了账户超过 90% 的被黑概率。

即便如此，2016 年 5 月对 2000 名成年人的调查显示，接近 70% 的邮件用户没有开启双重因素验证。超过半数的人不知道双重因素验证如何运作，41% 的人完全不知道双重因素验证。

这意味着黑客只要能够找到未受保护的账户，并发送钓鱼邮件，若用户点击了假的页面、输入了登录信息，黑客就能成功侵入。

波德斯塔的个人 Gmail 账户就没有使用双重因素验证。

德拉文在给莱瑟姆的回复中打错了字，他想说这是一封非法邮件，而不是合法邮件。他的回复中包括一个重置密码的合法链接，并能打开双重因素验证。但是，被点开的并不是这个合法链接。

链接打开后显示的页面看上去是一个标准的谷歌登录页面，但那只是看上去而已。它是由 bit.ly 网址缩短服务平台创建的网站，其能将一个长的 URL 生成一个短的以 bit.ly 开头的版本，一个 255 个字符的 URL 能缩短至 13 个字符。当你点击 bit.ly 的 URL 时，浏览器会向服务器发出请求，服务器将检查数据库条目中的字符串，再定向至原始的 URL。推特对每一个 URL 都使用同样的方法，通过将已识别的恶意 URL 添加至数据库，即可立即删除垃圾邮件和恶意链接。

乍一看，这似乎是个合法的网站，除了结尾的"tk"有些可疑，域名来自太平洋的托克劳。URL 也经过仔细编码，所以那个模仿谷歌登录界面的网站，已经预先填好了波德斯塔的邮件地址和个人资料照片。对那些粗心的人来说，它看上去十分正常，会毫不犹豫地输入密码。

上午 10 点 10 分，账户的双重因素验证启动了。但是，太迟了。波德斯塔所有在谷歌线上存储的邮件归档（可追溯至 2009 年），遭到了一群来自俄罗斯的黑客的访问，这些黑客叫作奇幻熊或者 APT28，他们下载了全部邮件。

然而，一些微妙的迹象其实已经表明了发给波德斯塔的邮件是不合法的。主题栏本身就存在问题，"有人掌握了你的密码"(Someone has your password)，"某人"和"密码"词里的字母 O 似乎不是同一种字体。

为什么要这么做呢？最好的解释是为了躲开谷歌的垃圾邮件和钓鱼检测系统，否则一封来自非谷歌官方的地址发出的"有人掌握了你的密码"的邮件将会被屏蔽，黑客小组可能在此之前已经做过多次实验了。

一家网络安全公司 Secure Works 密切关注着黑客在网上的行踪。Bit.ly 网站让用户设立账户，并以此监视用户点击的网站的内容。这也让跟踪调查的人了解到有多少人点击了网站、原始的 URL 是什么以及账户缩短了哪些网站。

近 3900 人都收到过类似链接，他们都成了垃圾邮件的目标。

Secure Works 发布了一份报告，对黑客从 2015 年 10 月至 2016 年 5 月建立的 19000 个恶意链接进行了分析，其中第一组链接是 2016 年 3 月 10 日发送的。大多数网络钓鱼都失败了，尽管有些人点击了链接，但并不代表他们输入了密码。就像发给波德斯塔的信息一样，原始的 URL 经过预先的编码，定位了用户的邮箱，然后假的登录界面上就有了他的个人信息。

第二天，第二轮攻击开始了，此次主要针对希拉里竞选团队的核心圈子。域名为 hillaryclinton.com 的邮件使用了谷歌的系统，并开启了双重因素验证，如果他人掌握了密码，用户能收到警告。一些钓鱼邮件试图伪装成内部成员，让他们发送验证码，因此希拉里竞选团队也意识到了这次黑客行动瞄准的是他们。

从 3 月持续到 5 月，网络钓鱼行动主要针对的是希拉里的竞选团队和民主党国家委员会，尽管后者已经被黑过了。分析人士也认为，一共有两组人在活动，他们目标相同、分开作业。Secure Works 还注意到，黑客广泛撒网，目标不仅限于在布鲁克林的民主党团队。Secure Works 于 2016 年 6 月发布的一份分析报告表示，从 3 月到 5 月，黑客创建了

213 个链接，瞄准了 108 个后缀为 hillaryclinton.com 的邮件。无论是负责差旅的初级工作人员，还是财务经理，都成了黑客的目标。但竞选团队的安全意识也相当强，只有 20 个人打开了链接，而且这并不代表他们都输入了验证码。有人点击了很多次链接，这意味着怀疑要多于轻信。在对竞选团队成员的采访中了解到，大多数人态度都很坚定，并且也意识到了这是在钓鱼，不会轻易上当。

黑客的目标并不限于竞选的核心团队，广泛的网络钓鱼也瞄准了区域团队，例如 3 月底，芝加哥相关工作人员的邮件也遭到了侵入。民主党国家委员会的普拉特·威利在 2015 年 10 月—2016 年 3 月曾遭受了 15 次网络攻击。同时，钓鱼活动还瞄准了与竞选团队合作的公司，270 个战略公司、与希拉里结盟的竞选组织、希拉里基金以及一个由比尔·克林顿创立于 1997 年的慈善组织都受到了攻击。一位与竞选团队密切合作的受访者表示，波德斯塔的账户可能在 3 月前就泄露了，而且也无从得知早期的钓鱼邮件后来是否经过数据转储备份。

希拉里的竞选团队被盯上不足为奇。问题是，幕后主使是谁？竞选团队中潜伏着一股不安的暗流。尽管他们的竞选团队共有几百名员工，但在网络安全这一块却没有专门的负责人员，这一疏忽也让年轻的成员感到不满。团队的 IT 部只有 4 名全职员工，而且没有一个是专门负责网络安全的。

2016 年 4 月，民主党国家委员会的人意识到他们的邮箱被黑了，甚至可能在几个月前就已经被侵入了。FBI 连续 6 个月都在警告他们，他们的服务器可能在被黑客攻击。

5 月中旬，希拉里竞选团队采取了重要的行动，让所有成员使用一款叫"信号"的端对端加密 App。它会向请求验证的电话号码发送文本、语音和视频呼叫验证，能够有效屏蔽欺诈行为，且不会在服务器上储存任何数据。团队成员也被告知，不要在邮件里谈论任何敏感的话题，一切有争论的话题，尤其是关于竞选对手的内容，都要通过信号进行沟通。

6月10日，星期五，民主党国家委员会的领导让100余名员工上交他们的电脑。虽然没有说明原因，但网络安全公司CrowdStrike证实了民主党国家委员会的服务器遭到了破坏。一旦发现可疑的黑客踪迹，该组织就会进行记录以作为证据，CrowdStrike很自信地断言，一切都是奇幻熊做的。

6月12日，星期日，维基解密的创始人朱利安·阿桑奇在英国电视新闻节目《佩斯顿星期日》的采访中说，"有一件好事是，我们很快会有和希拉里·克林顿有关的泄密。对于维基解密来说，这将是很好的一年"。他是指民主党国家委员会的邮件，抑或是波德斯塔的邮件？

阿桑奇对希拉里有很深的成见，因为希拉里在执掌国务院期间，曾因阿桑奇在2010年公开了美国外交电报而对他进行了威胁。2012年6月，阿桑奇因在瑞典被指控强奸而躲在厄瓜多尔驻伦敦大使馆寻求政治庇护，他很担心会被引渡到美国。

6月14日，星期二，民主党国家委员会宣布电脑被黑客侵入了，黑客源在俄罗斯，CrowdStrike表示共有2个俄罗斯团体参与其中。

24小时之内，一个叫"Guccifer 2.0"的线上黑客发布了一些新闻网站、文件和邮件，并声称"攻击民主党国家委员会的是我们"。这个名字参考了另一位黑客"Guccifer"，他是一位失业的罗马尼亚出租车司机，在2013—2014年黑掉了美国和罗马尼亚诸多政客的邮件。后来他被引渡到美国，并于2016年5月被起诉。他声称曾黑过希拉里·克林顿的电子邮件服务器，但没有提供任何证据。2016 年 9 月，他被判入狱 4 年多。

Guccifer 2.0 在自己的博客中宣称，尽管 CrowdStrike 公司的报告中称侵入民主党国家委员会的是"富有经验的黑客团体"，但这并不是什么难事，"Guccifer 可能是第一个侵入希拉里·克林顿和民主党服务器的人，但他不会是最后一个，其他的黑客也可以轻易黑进民主党国家委员会的服务器"。Guccifer 2.0 自称罗马尼亚人，并一再坚持自己是在单干。

Guccifer 2.0 宣称自己进入民主党国家委员会的系统已经超过 1 年了，并且展示了窃取的文件，其中包括希拉里团队对竞争对手可能存在的优势和弱点的分析，"我把主要的几千份文件、邮件都给了维基解密，他们很快就会公开这些信息"。

不过，这些文件并不全部可信，有些经过了人为的篡改，其中一些细节也引起了人们的怀疑。Guccifer 2.0 声称自己是罗马尼亚人，却不懂罗马尼亚语。一些邮件元数据显示，他使用了在俄罗斯很流行的 VPN 服务。他使用的微笑表情是括弧而不是冒号，这也是使用西里尔键盘才会出现的常见用法。人们在不同的机器上打开这些文件，元数据显示出了俄文字母和西里尔字母。甚至还有痕迹显示该黑客曾使用盗版的 Office 2007 来处理文件，这在俄罗斯也很流行。为什么业余黑客和商业黑客想侵入民主党国家委员会的服务器呢？那里没有钱，有的不过是政治秘密。

网络安全专家托马斯·里德当时在伦敦国王学院战争研究系工作，他表示这个时机"对黑客来说过于顺利了"。Guccifer 2.0 一定程度上转移了人们的视线，为其他黑客打了掩护。他同意 CrowdStrike 公司的意见，Guccifer 2.0 不一定是奇幻熊的一员，但一定存在着某种关系。

6 月底，Guccifer 2.0 又向 The Smoking Gun 网站发送了一份文件，

内容是一名民主党国家委员会在芝加哥地区的员工 3 月 22 日前的邮件详情。这也让他的"与奇幻熊没有关系"的言论愈加站不住脚,不过这也表示了一些竞选团队的员工确实存在使用邮件不当的问题。The Smoking Gun 网站转载了一系列邮件,内容与希拉里将参加的拉斯维加斯的公众集会密切相关。《华盛顿邮报》也报道了这一泄密事件,并评论道,"这更加说明了,希拉里更偏爱在虚幻中竞选,她很少接受记者团的提问"。其实其他的竞选者也是如此,只不过他们的邮件没有被暴露出来而已。

7 月 22 日,星期五,就在大会确认希拉里为民主党候选人之时,维基解密公开了 22000 封民主党国家委员会的邮件,其中包括党派成员贬低伯尼·桑德斯的内容。民主党高层和桑德斯的支持者很快又开始互相指责,民主党国家委员会主席被迫辞职。

竞选进入了一个新的阶段——信息战。对希拉里来说,这次黑客事件再次解释了为什么新闻头条的"希拉里"总是会和"黑客事件"、"邮件"绑在一起。但这些邮件也有些奇怪的地方,其中一些似乎并不来自民主党国家委员会。

《名利场》的尼克·比尔顿在 2016 年 8 月写道,电子邮件给人们留下了两个选择,要么删除所有东西(希望服务器里的东西也被删除了),要么双手合十,许愿一切顺利。

十月惊奇

"十月惊奇"已经成了美国总统竞选活动的惯例,在投票日的前一个月必定有一位候选人会爆出大新闻。事实证明,2016 年的大选也没有错过这一惯例。

10月7日，星期五，正式投票的四周前，注定是个繁忙的日子。下午2点左右，美国国土安全部（DHS）和国家情报局（ODNI）发表联合声明：

美国情报界断定俄罗斯政府指示攻击美国个人和机构（包括美国政治机构）的电子邮箱。我们认为，考虑这些事情的范围和敏感度，只有俄罗斯的高级官员才能批准这些活动。

一般情况下，美国情报机构（包括联邦调查局、中央情报局和国家安全局）发布的明确指向俄罗斯黑客的报告必定会成为接下来几天的头条。

但是在当天下午4点，《华盛顿邮报》报道了一个更为离奇的故事：大选的参与者曾对女性进行性骚扰，并用自己的权力将这一丑闻压了下来。这个故事就像炸弹一样在网络上炸开了。

而在这一事件公布不到1个小时之内，维基解密公布了波德斯塔的2060封邮件和170份文件。这些内容显示，2015年希拉里为了迎合俄罗斯的利益，支持俄罗斯收购名为"铀一号"的加拿大铀矿公司。

大量的推特账号聚焦至波德斯塔的邮件事件，推特后来暂时封了那些账号。位于圣彼得堡的互联网研究机构（IRA）根据散布的虚假信息判断，有上千名工作人员曾打着其他国家国民的幌子写博客和发推文。

竞选团队成员的心情仿若坐过山车，有人说这是他们所经历过的最为疯狂的一段日子。关于如何获得电子邮件转储的消息，人们怀疑这可能发生在民主党国家委员会被侵入之后，黑客扩大了网络钓鱼的范围。波德斯塔和他的通信团队坐下来开会，他们意识到新闻头条里将持续出现"希拉里"和"邮件"的字眼。但是，他们无计可施。

媒体的叙事以自己的方式进行。由于能看到波德斯塔的邮件，媒体也开始了自己的节奏。"约翰的大多数邮件都很……无聊，"希拉里在《发生了什么》中表示，"他们揭露了竞选工作的细枝末节。"希拉里没提到她的个人邮件，但她对人们对邮件内容的曲解表示了明显的愤怒，她认为一些舆论存在着明显的虚假性，但这完全无法阻止舆论的扩散。

阿桑奇在大选前每天都会发布一部分邮件，并精心挑选出波德斯塔的部分，着重揭发希拉里不好的地方。

波德斯塔的邮件确实包含了一些希拉里的负面信息，其中有她在高盛集团的演讲稿。托马斯·弗兰克 10 月底向《卫报》表示，"忘掉 FBI 所发表的相关信息，波德斯塔的邮件才能真正显示出美国是如何运转的"。他对邮件泄露的内容表示愤怒，"在维基解密上输入'葡萄园'①，你就会意识到你和其他人完全身处不同的世界"。

而关于大选竞争对手的邮件却没有发现什么大问题，但这仅仅只是因为与其相关的邮件并没有公开而已。随着 FBI 从 2017 年开始调查与俄罗斯有关的勾结行为，这一情况也发生了部分改变。

在改用信号 App 后，竞选团队的网络安全问题完全得到了解决。然而他们依旧面临着一个问题——舆论头条新闻中"希拉里"与"邮件"、"黑客"绑在了一起。因为这三个词总是一起出现，以至于一般人无法

---

① 马萨诸塞州海岸外的豪华度假岛——马撒葡萄园岛。

搞清希拉里到底是私人邮箱被黑（关于这点，希拉里已于7月被免罪，证明并没有证据表明她遭到了黑客的侵入），还是商业邮箱被黑。

《时代周刊》的头条标题是"希拉里·克林顿的邮件泄密所揭露的竞选真相"。《华盛顿邮报》则这么写道，"被黑的邮件内容呈现了希拉里拒绝公开的演讲稿"。

大选的进程受到了阻碍，竞选团队试图回避这一话题，并发布了一些自相矛盾的声明，"我们不会去确认朱利安·阿桑奇公布的被偷邮件的真实性，阿桑奇想要抹黑希拉里·克林顿的意图十分明显"。而格伦·卡普林则表示，"被偷"一词也间接证明了邮件的真实性。

卡普林得到了一份不太光鲜的任务，他需要从波德斯塔的邮件里找到可以用来对付希拉里、她的幕僚以及民主党的内容。他的团队围着一块可移动的白板工作，从邮件中提取"丑闻"内容，并试图推测出他们的官方辩驳。同时通过建立语料库，从邮件中寻找旧的评论、讨论，进而引发新的一波僵尸式的新闻热潮。

波德斯塔和他的团队成员都把邮件当作一个完全安全的区域，可以自由交换他们的意见，可现在这些内容却在最为尴尬的时间段被公之于众。试图否认邮件的真实性、暗示它们是伪造的都于事无补，因为谷歌通过一个叫作DKIM（域名识别邮件）的反垃圾邮件系统对这些邮件的真实性进行了有效验证。

DKIM包括了邮件各个部分的密码散列（一种单向计算），它能创建一个唯一的字符串，包含在电子邮件的标题中，而电子邮件中用于计算散列的部分则取决于DKIM的特定实现方式。

所以为什么谷歌的DKIM系统没能发现最初发给波德斯塔的钓鱼邮

件是假的呢？为什么服务器没有拒绝那封邮件，或是将其丢弃到垃圾邮件的文件夹中去呢？问题就在于 DKIM 的范围是有限的。如果服务器没有内置的 DKIM 系统，就没法简单地生成散列。

在人们认为事态不会更糟糕的时候，更糟的事情发生了。有一份邮件泄露了波德斯塔 iCloud 的密码。社交平台 Reddit 的子版块里，一位用户表示他能登录、定位并消除波德斯塔 iPhone 的个人信息，讨论版一下子炸开了。他们还黑了波德斯塔的推特账户，并发布了一条支持大选敌对竞争者的消息，"这个历史时刻将正式宣布希拉里的竞选生涯的失败"。

最后倒计时

最终，希拉里在大选中以微弱的差距落选了。

FBI 局长詹姆斯·科米在大选前一周重新启动了对希拉里的调查，这又一次把她推上了风口浪尖。和 2008 年奥巴马的"是的，我们可以"相比，希拉里缺乏强有力的竞选口号，这也在一定程度上带来了阻碍。同时，俄罗斯的媒体报道也迅速影响着社交媒体的导向。以上的因素究竟哪一项推动了竞选天平的倾斜呢？

一切都难以确认。在复杂的竞选系统中，每一个因素都能产生影响，微小的输入偏差都能造成巨大的输出变动。毫无疑问，2016 年的美国总统选举是混乱的。

选举结果出来了，而网络钓鱼却还没有结束。在大选结束之后不到 6 个小时，美国智库和非政府组织收到了 5 批网络钓鱼邮件，声称附件和链接里包含了"令人震惊的"选举结果分析。安全公司 Volexity 基于这些文件安装的恶意软件，识别到这是奇幻熊做的。

12月29日，美国国土安全部和FBI联合发布了分析报告，直接将矛头指向了俄罗斯。然而，联合分析报告的结果却派不上用场。

联合分析报告并没有提供审计跟踪，没有时间，没有名字，没有解释结论是如何得出的，这使得这份报告的内容没有可信性。

艾伦·巴尔和波德斯塔一样有过邮件被全网公开的经历，因此他也密切关注了这件事：

如果我有机会和他谈话，我们一定能有很多共鸣，有太多在内部讨论过的话题是不能告诉其他人的。全部内容公之于众，每个人都能看到并进行解读，你只能看着他们讨论你是什么样的人，而不能加以辩解，可能有太多东西是你完全没意料到的。（他停顿了一下）并且在公共场合，你也无法左右舆论的走向。

然后会怎么样呢？

我不想承认，也不想保持沉默。我希望能有一个公开讨论，针对我的邮件，尤其是那些有争议的内容。我想听他们的赞成或反对声，并参与辩论。我宁愿这样，也不愿沉默。但事实是，沉默确实是处理问题的最好途径。

在2017年5月的讲话中，波德斯塔表达了他的沮丧之情，因为FBI的调查给竞选活动蒙上了很大的阴影。尽管竞选活动很快就结束了，但FBI在竞选前几天启动调查这一事实依旧令人震惊。"如果一切能重来，我不会把邮件退回国务院。"波德斯塔告诉《明镜周刊》，"我会直接公布这些邮件，也许这样就能结束整件事。"

事态虽然事与愿违，但这却是个不错的想法。起码有一点是对的，希拉里的竞选活动本身并没有被非法侵入，双重认证系统跟信号 App 守住了他们的秘密。波德斯塔的个人邮箱里全是网上商店的特别优惠活动、他的教职工作的相关安排以及其他的琐碎信息，这些统统都被侵入了。一些地区的员工也是这样，但核心小组的员工毫发无损。希拉里·克林顿的竞选服务器没有被黑客侵入，她的电子邮件也没有。

小　结 | 约翰·波德斯塔黑客侵入事件

- 了解网络钓鱼是什么。对有关黑客的警告信息，要时刻保持怀疑的态度，不要点击电脑上的链接或输入 URL。

- 确保企业和个人的邮箱账户都启用了双重认证，因为每个人都可能成为公众的焦点。

- 不要依赖文本消息认证系统。如果有人拿走了你的 SIM 卡或者电话号码，就能仿冒并劫持你的个人信息。要使用能生成代码的 App 或者物理设备。

- 不要以邮件形式发送其他账号的密码。邮箱可能被黑，这样你的其他账号也面临风险。

- 如果可能的话，尽量不使用邮件。例如信号这种能提供即时通信的 App，也能发送附件，它比邮件更加安全、好用。

- 做好心理准备，你的邮箱可能在将来的某个时间被黑客侵入了，并将你的私人信息广泛传播开来。如果你的邮件被公开，一定要确保那些内容无懈可击。

- 媒体与社交网络会根据泄露的数据编故事，尤其是邮件，他们以此为生。你无法以一己之力扑灭火苗，不如集中精力描绘另一个故事。

- 基于这一点，如果你面临这样的困境，不妨通过检查那些你认为已经被黑了的内容，设想最糟糕的情况。然后考虑可能发生的状况，预先设想与客户、供应商和媒体打交道的策略。也可以看看你公司的主管是否接受你的做法。如果不，他们会如何应对?

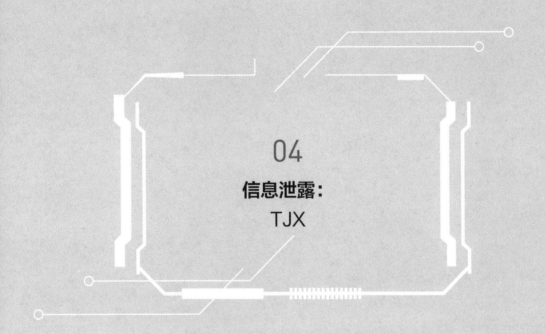

04

信息泄露：
TJX

　　2007 年 7 月，马基姆·亚斯特雷姆斯基正在海滨度假胜地土耳其凯梅尔的一家名为"初光"的夜店里享受他的夜晚。当他跟一个朋友回到宾馆时，一群男人包围了他，他被戴上了手铐，并被塞进了一辆车里。

　　土耳其警方根据国际刑警组织的逮捕令逮捕了这位乌克兰人，但却无法破解亚斯特雷姆斯基的加密内容。美国特勤局的一名特工后来谈起这件事，说他们当时强行审问了他，让他说出密码来解锁。根据警方已经掌握的种种证据，亚斯特雷姆斯基是一名信用卡罪犯，其仿造了数百万张虚假信用卡。整个过程十分简单：在美国和其他许多国家，只要有信用卡卡号、有效期限和用户名，就能伪造一张信用卡，进行数百美元的小额欺诈交易。

这种小额欺诈非常流行，欺诈者操纵着一个十分短的商品利益链。这些被偷的信用卡大多都有使用限度，过度使用会带来麻烦。而这种欺诈行为很容易被发现，所以欺诈者要尽可能地匿名交易，不要以个人名义去使用信用卡。

正如任何大宗商品交易商都会告诉你的那样，这类交易都是有利可图的。来自乌克兰的亚斯特雷姆斯基据说在信用卡交易中得到了约1100万美元的收入。有消息人士称，亚斯特雷姆斯基是"世界上最多产的信用卡信息供应商"，他永远在收集源源不断的被盗数据。

亚斯特雷姆斯基电脑里有一群信用卡数据窃贼的相关资料，美国特勤局在2016年曾拷贝了他的硬盘，但却无法打开。在得到相关密码后，美国特勤局得以追踪亚斯特雷姆斯基的交易细节。

硬盘里的内容指向了一个叫阿尔伯特·冈萨雷斯的美国人。事实证明，他参与了有史以来最大规模的信用卡失窃案件。

空降资金

TJX是美国零售巨头公司，或者说曾经是。截至2006年1月的财政年度，TJX在美国、波多黎各、加拿大、欧洲和澳大利亚等地拥有2300多家实体店。TJX 2006年收入超过160亿美元，其中80%来自美国。但其利润率很低，净利润只有6.9亿美元，说明大概只有不到5%的净利率，这与该集团的长期数据大致一致。TJX 2006年的银行存款约有4.65亿美元，高于1年前的3.07亿美元。

TJX在2002年的年度报告中说明，"我们的使命是每天以低于百货公司和专卖店 20%~60% 的价格，提供多种品牌的商品"。1996 年以来，TJX 的销售额和利润都在迅速增长。当时，TJX 的定位是依赖于高商品周转率的低成本零售商，而他们也一直在寻找能够超越其他公司的经营诀窍。TJX 是第一代 Wi-Fi 的使用者，他们将买来的设备安装在所有的零售店里（超过 1200 家），代替了旧的有线网络系统。当时，大多数人不了解计算机无线连接。1999 年 6 月，苹果公司的史蒂夫·乔布斯发布了带有 Wi-Fi 功能的 iBook 笔记本电脑，并发布了第一个苹果 AirPort 无线基站。同时，他还提供了 WEP（有线等效加密）加密应用，这也是当时世界范围内认可的无线网络安全标准。

2000 年，大多数人不理解、也不使用 Wi-Fi，TJX 走在了行业的前列。它新推出的支持 Wi-Fi 的销售点系统，可以处理数百万张信用卡和借记卡交易，由 WEP 安全系统连接到其主机上，存储这些交易的细节。和本世纪初的众多零售商一样，TJX 试图同时开展实体和网上业务。TJX 开设了网上店铺，开始迫切想要获取更多的客户数据。

TJX 建立了不断扩充的数据库。和欧洲不同，美国至今没有严格的与数据保护相关的法律，这使得 TJX 可以收集并存储尽可能多的用户数据。这些信息会被保留很多年，因为你也不知道什么时候能用上它们。

然而，TJX 的核心技术并没有运用在系统的各个方面。到了 2006 年，其在信用卡数据方面的保护，远远落后于行业标准 PCI-DSS（银行卡行业数据安全标准）。一些信用卡协会在 2004 年成立了 PCI-DSS，以此避免数据库遭到黑客的侵入。同年，TJX 的内部信息安全检测部门注意到了多个安全缺口，比如缺少防火墙、没有加密持卡人数据、没有及时上传防病毒软件、没有定期测试安全系统等。

TJX 最薄弱的环节在于它的周边，WEP 系统名义上保护了 Wi-Fi 网络，但其安全性只等同于有两个刻度盘的组合锁。

可疑的安全性

1997 年，一个专家小组正致力于研发编写 802.11b 无线标准，这是一种计算机无线联网的新方法。该无线标准能使无线网络的链接速度与有线电缆一样快，但没有有线电缆的移动限制。除了为互联网数据包制定经过无线网络的标准之外，专家小组也意识到，需要某种形式来保障其安全。有线网络限制了用户的访问范围，而无线网络却一直在扩散其覆盖范围。专家小组确立了一个加密系统，也就是 WEP 系统，并将其写入了 802.11b 无线标准，作为一种加密无线网络的默认方法。

WEP 意味着它跟实体电缆一样安全，然而也有着不可弥补的缺陷。

2000 年 10 月，杰西·沃克第一次公开发表了对 WEP 安全性的质疑。那时，他是芯片制造商英特尔的密码学专家。他告诉我：

2000 年的一天，802.11b 工作组副主席、英特尔员工邓肯·基钦走进了我的办公室。我们讨论了验证协议，但是高级协议可以轻易摧毁这个验证协议。他离开的时候，给了我一个 802.11b 无线标准的副本。我研究了协议中的标准定义，然后推导出了可能的结果。就这么简单。

他推导出的结果是灾难性的。WEP 并不安全，因为其关键的设计并不完美。

沃克向 802.11b 委员会上交了一份否定性评论。这让人想起了拉尔夫·纳德在 1965 年出版的《任何速度都是不安全的》（*Unsafe at Any*

Speed），它讲述了美国制造的汽车在设计中的固有缺陷和随之而来的致命风险。正如沃克指出的，WEP 存在固有的缺陷，无法保障安全的通信。其缺陷的原因来自技术层面，这十分重要。

WEP 的密码长达 63 个字符，可以转换成一个 40 比特的二进制字符串，用于加密。WEP 系统还试图在 40 比特字符串中添加另一个 24 比特字符串作为"初始向量"（即 IV）来增加加密的难度。每发送一个数据包，初始向量也会发生改变。一个 24 位的比特能产生 1680 万个不同的初始向量，然后一个可逆加密算法 RC4 会运行数据包和 64 比特的字符。此处需要一个可逆的算法，否则接收器就无法解密数据包，也就无法通信了。

重要的是，未加密的 IV 会和加密的 Wi-Fi 数据包一起发送，这样接收器就可以同步解密 IV。仅通过未加密的 IV 无法解锁数据包，还需要密码，因为它构成了 64 比特的其余部分。

这一切看起来很简单，但实际操作起来就会遇到大量问题。一个 Wi-Fi 接入点最初的速度是每秒 11 兆比特，最初的 802.11b 无线标准能在 1 小时内运算得出可行的初始向量 IV，并将其重启。因为是无线网络，数据是向四周传播的，人们能从各种地方收集到各色数据包，并对其进行分析。

要侵入典型的 WEP 加密网络，黑客只需设置一个 Wi-Fi 天线，运行一个能收集数据包的程序，寻找拥有同一个 IV 的数据包，反向运行 RC4 编码，计算出加密数据包的其余 40 比特的密钥，就能得出整个网络的密码。

这听起来很复杂，但实际上，一名黑客只需要几分钟，就能破解无线系统的密码。

沃克解释道，加长 IV 的值也无法改变这一现象，只不过增加了侵入的时间而已。他表示，WEP 的设计试图适应 RC4 算法，但可能给用户带来灾难性的后果。

沃克还指出，黑客只需要下点功夫，就几乎可以破坏所有的基站，"向黑客泄露任何隐私都是不值得的"。

在沃克的警告之后，2001 年，一系列的学术论文也展示了 WEP 的诸多缺陷。就像纳德的警告那样，只有等出现了受害者，沃克等专家的话才能受到重视。

黑客也同样看到了这些学术论文。有时，计算机专业的学生相当于间接帮助了黑客，他们会找来这些论文，然后按照其中的描述编写程序，看看是否会奏效。这种情况下，这些程序及概念会很快流入网络，沦为黑客的武器储备。

到 2001 年年中，市面上甚至出现了免费的黑客程序。8 月 20 日，《连线》杂志发表的线上文章开篇这么写道，"今天，随着 AirSnort 的发布，无线网络变得愈发不安全，它能偷偷地捕捉并分析无线网络中的每个重要数据"。

"WEP 存在大量安全漏洞，"AirSnort 的下载界面提示道，"AirSnort 需要收集大约 500 万 ~1000 万个加密数据包。一旦收集到足够的数据包，AirSnort 不用 1 秒就能破译出密码。"

要多久能收集到 500 万 ~1000 万个数据包呢？网络每秒约产生 800 个数据包，所以只需 2~4 个小时就可以了。但一些破解系统可以每秒产生 85000 个数据包，并有 95% 的成功率去破译密码，所以只需要不到 2 分钟就可以获得这么多数据包。评估无线网络安全的免责声明骗了很多人，用户下载 AirSnort 要么是为了检验自己系统的安全系数，要么是为了恶意侵入他人系统。

　　AirSnort 创作者之一的杰里米·布鲁斯特尔告诉《连线》杂志，联系他的人当中有很多是系统管理员，他们对他的程序表示感激，称通过使用这个工具，明确了"WEP 真的很不安全"。他说，太多人都轻易相信 WEP 的安全性了。

　　关于 WEP 漏洞的言论持续发酵。2003 年 6 月，电气和电子工程师学会（IEEE）建议废除 WEP 系统，改用更强大的 Wi-Fi 保护接入算法 WPA。WPA 使用 48 比特密钥，有 50 万亿排列组合，相比之下 WEP 只有 1670 万排列组合。一个认证和推广 Wi-Fi 的行业团体宣布，自 2004 年 2 月起，WEP 不再被视为保护 Wi-Fi 无线局域网的安全机制，并且 WPA 将应用于数据安全很重要的领域。WEP 因此退出了官方舞台，但至今仍有部分人在使用。

　　2005 年 3 月，在信息系统安全协会于洛杉矶举行的会议上，FBI 的特工证明了使用两台笔记本电脑，就能破坏一个 128 比特的 WEP 系统保护的网络。他们仅通过简单的键盘操作，就能在 3 分钟内创建一个随机的密码，FBI 的特工说道，"通常只需 5~10 分钟"。

　　2005 年 10 月，TJX 首席执行官保罗·布特卡签署了协议，同意将 1200 家门店的 WEP 系统换成 WPA 系统。

　　但是，由于旧的基地不能运行 WPA 算法，要到 2007 年 1 月才能实施 WPA 的试点项目。与此同时，TJX 还有一个更加紧迫的任务——达到 PCI-DSS 1.1 版的要求，所有保有用户信用卡数据的组织都必须在 2006 年 9 月前达到这一标准。升级系统十分费时费力，TJX 已经感受到了压力。如果他们没有按时达到标准，将面临巨额罚款。布特卡不希望那样，TJX 的电商专卖店已经有 1500 万美元的亏损了，没有钱应对罚款了。是选择 PCI 还是 WPA，成了 TJX 面临的首要问题。

升级失败

2005 年 11 月 23 日，布特卡给 IT 技术人员发了邮件，建议延迟从 WEP 到 WPA 的升级，尽管他认为 WPA 是"最优方案"，但大多数商店尚不能运行 WPA 系统，这能从当年的 IT 预算中省下一大笔钱。在采取措施前，他还试图让技术人员承认，不升级的风险"很小，可以忽略不计"。

大多数 IT 技术人员同意布特卡的想法，有一部分表示不同意。有人回复道，尽管 PCI 有时间期限，但使用 WEP 意味着"我们仍然很脆弱"。技术人员警告，"如果发现 WEP 有漏洞，事态可能会恶化"。

TJX 不仅依旧使用公认不安全的系统，还保留了对商业黑客来说最有价值的东西——信用卡数据，这些数据足以伪造一张全新的假卡。TJX 仅遵守了 PCI-DSS 的"控制目标"12 项中的 3 项，集团管理层也意识到了这一点，后来提交给法庭的内部备忘录中也提及了此处。剩下的 9 项，包括加密卡的信息、访问控制和防火墙等。2006 年 9 月，PCI-DSS 的一位外部审计师曾斥责 TJX 的系统安全性很差，依旧使用 WEP，也没有对老化系统中的软件进行修补，内部边界也没有防火墙。"这些都是最简单的部分，" 2007 年 11 月，缅因州毕德福德储蓄银行的 IT 主管基思·戈塞林向 Tech Target 网络公司表示，"公司的管理层为什么不愿意做呢？"他很困惑，像 TJX 这样的大公司怎么会有这样的失败。

更坏的消息尚未到来。虽然 TJX 的高层在 2005 年 11 月曾讨论过升级 WEP 的紧迫性，但 WEP 的漏洞却已经让系统处于高危状态长达 6 个月之久，黑客侵入也已持续 1 年以上。

公之于众

2006 年 10 月初，有关部门联系了 TJX，指出在该公司网点使用过的信用卡所遭受的欺诈交易数量出现了大幅的增加。2006 年 11 月，佛罗里达州警方向 TJX 表达了自己的担忧，称这是一次系统性的侵入行为。

而 TJX 的问题在于它不知道是谁主使了这次侵入，也不知道黑客做了什么以及是如何侵入的。12 月 21 日，TJX 的律师给美国司法部打电话解释了这一问题：他们的系统似乎有侵入者，但他们尚不知道侵入者的意图。美国特勤局要求他们不要对外宣布，黑客可能依旧存在于系统里。节礼日（12 月 26 日），TJX 通知了银行和信用卡公司有关侵入的情况。截至 12 月 27 日，TJX 发现黑客窃取了客户数据，但他们不确定具体被窃取的数量。

现在，他们必须将这一切公之于众。2007 年 1 月 17 日，TJX 公司董事长兼代理首席执行官本·坎马拉塔公开了这次黑客事件。他采用了高管典型的推卸责任式的官方语言，表示"我们用于处理和存储客户交易信息的计算机系统遭受了非法侵入，我们对此十分失望"。他没有说清楚究竟对什么感到失望，"遭受非法侵入"这一被动表述听上去像是感染了一次流感，相关的新闻标题也大多为"遭受计算机系统侵入的 TJX 公司，正全力保护客户信息"。一系列的措辞均使用被动语态，这令人感到震惊，好像一家价值数十亿美元的公司受到了不公平的攻击。

TJX 表示被窃取的信用卡和借记卡的数量是"有限"的，却没有提及"有限"的数额是以百万计的。公司接着补充道，那些信息主要来自 2003 年的交易，以及 2006 年在美国、波多黎各和加拿大的门店约 7 个月的交易。"目前，我们认为个人身份号码（PIN）并未泄露"，事实却没有听上去那么安全。那时美国几乎所有的商店交易都只需要签名验证，而且很少被检查，这使得伪造更加便利。

在 TJX 购物还安全吗？"我们相信客户可以安心购物。"TJX 声称已经采取了措施，现在计算机专家可以确保交易安全，但他们并没有提及这些专家是否和之前的是同一批。

2007 年 5 月，一个"熟悉调查流程"的匿名人士告诉《信息周刊》，问题出在店内供顾客查找商品的自助电脑上。那里的电脑连接主网络，不受防火墙阻挡。他们认为，黑客将 USB 接入了服务台的电脑。还有一种说法，认为 Wi-Fi 网络是被商店停车场里的人黑的。

针对 TJX 网络安全的审查愈加严厉，但还是远远不够。甚至在 2007 年 8 月，黑客侵入的几个月后，TJX 当时的一名雇员对网络安全提出了严厉的批评，"我妈妈都比他们会选密码"。他说，在黑客侵入前，有一段时间里，人们都把密码写在便利贴上，有时甚至没有密码，或者密码跟用户名相同。即便现在，情况也没有改观。公司解雇了他，并让他写下网络安全的漏洞，还威胁他，如果继续泄露公司信息将起诉他。

2007 年 9 月，加拿大相关专员发表了一份言辞激烈的有关 TJX 的报告，当时，黑客的身份依旧是个谜。这一事件也表明，将过多的敏感信息保存太久，将造成不必要的安全负担。

如果来退货的客户没有收据，TJX 会收集他们的驾照号码，这也助长了诈骗行为，驾照号码对于窃取身份来说是非常有用的。

所有人都有嫌疑

2007 年秋，政府的调查人员也同样感到困惑，人们并没有将亚斯特雷姆斯基事件与 TJX 联系起来。TJX 黑客攻击的背后主使依旧是一个巨大的谜团。马萨诸塞州助理律师斯蒂芬·海曼告诉《纽约时报》，"那时，我们认为世界上的所有人都有嫌疑"。

黑客通过无线网络侵入，这并不是秘密。然而，TJX 的做法在零售界也十分普遍。2007 年 5 月，乔治·欧在 ZDNet 上写道，他曾于 2004—2005 年担任大型零售商的安全顾问，他意识到脆弱的无线网络安全意味着"一颗定时炸弹即将爆炸"。但是，他的一位客户就曾因为公司总部的规定，没有购买 WPA 系统，而只能继续使用 WEP 系统。

然而，即使 TJX 黑客事件已经广为人知，零售商依旧不重视安全问题。2007 年 11 月，无线安全系统制造商 Air Defense 发现，在调查的 4748 个访问点中，有 1/4 根本没有加密，还有 1/4 仍在使用 WEP 系统，而只有不到一半的人使用了 WPA 或是 WPA2。Air Defense 还对几个优先项表示了质疑，"大多数零售商的实体安全都优于无线安全，95% 的零售商都装有类似 RFID 安全警报的实体安全系统。近 70% 的商家安装了安全摄像头，约 10% 的商家在门口雇用了警卫"。

与计算机联手

1998 年，17 岁的阿尔伯特·冈萨雷斯利用迈阿密学校的电脑侵入了印度政府网站。他出生于 1981 年，8 岁就开始使用计算机，12 岁时拥有了第一台属于自己的计算机。当他的计算机感染了病毒的时候，他先是愤怒，继而被迷住了，然后他一次又一次地尝试，想要看看自己能侵入他人的计算机到什么地步。14 岁的时候，他黑进了 NASA（美国国家航空航天局）。这是他第一次与政府产生冲突，FBI 警告他要守规矩。

但这并没有阻挡他的脚步，他因侵入学校网络而被勒令"远离"计算机6个月。他以前的老师告诉《纽约每日新闻》："他能做到很多同龄人无法做到的事。他是那种会戴着眼镜摆弄计算机的人，但却从不缺少朋友。他们都是孩子，但他往往是其中的领导者。"老师补充道："冈萨雷斯常常会在计算机研究中遭遇问题，这并不新鲜，我会放任他自己研究。"

冈萨雷斯的家庭背景并不差，他的父亲经营着一家园艺公司。计算机、黑客以及相关黑色利益对冈萨雷斯来说，具有极大的诱惑力。就算是在学校，他也会去窃取信用卡信息来购买东西。他会阅读软件手册，研究获取免费网络连接的方法，然后植入黑客程序，来获取用户名跟密码。然而冈萨雷斯并不擅长编程，但他知道如何获取他人的程序，也知道如何部署这些程序以获得最佳的效果。他有自己偏好的黑客方式，1999年7月，在一次匿名采访中，他表示不喜欢破坏网站的黑客行为。他的做法是，"诱导管理员登录网站，管理员并不知道黑客的存在，除非黑客主动攻击"。

高中毕业后，他搬到了曼哈顿，后来又去了新泽西。在那里，他受雇于一家网络安全公司，职责是向人们阐述他侵入计算机系统的过程。

2003年7月，冈萨雷斯又有了麻烦。这一次，问题比侵入政府网站要严重得多。

新泽西的一个晚上，一名纽约警探在午夜的收款机旁注意到一名可疑的年轻人。几分钟后，他的可疑行径就被机器里接连吐出的成百上千的美元所证实了，这与他的穿着并不吻合。那个年轻人就是冈萨雷斯，他之所以在午夜使用自动取款机，是为了在一天结束前取完一张卡的日限额，零点过后再取一次。

警探随即逮捕了他，并在冈萨雷斯的电脑里发现了数百万张信用卡的数据。冈萨雷斯耐心地解释了自己是怎么做到的,他是在线网络犯罪论坛 ShadowCrew 的核心人物,论坛成员会在那里交换窃取的信用卡数据,并交流制作假卡的经验。这也是冈萨雷斯的多面性,他既是一名安全顾问,又是疯狂的信用卡窃贼。

冈萨雷斯告诉《纽约时报》:"当时我 22 岁,被吓坏了。如果你的公寓里出现了一名特勤局特工,告诉你将要被关 20 年,你肯定什么都交代了。"他同时还是个瘾君子,因吸食可卡因、摇头丸等毒品而导致自身营养不良、体重不足。但某位跟他打过交道的人说,冈萨雷斯特别擅长"消除别人的戒备心",是"社交与欺骗的大师"。特勤局给他生活费,还帮他戒毒,而他面临两个选择——坐牢或是合作。冈萨雷斯决定帮助特勤局起诉其他 ShadowCrew 的用户——他曾帮这些用户建立虚拟专用网(VPN),供 2000 多名网站用户使用。冈萨雷斯将这个 VPN 交给了特勤局新泽西办公室,他们能借此看到访问该 VPN 的人的 IP 地址。

ShadowCrew 被捕的人很快就意识到冈萨雷斯背叛了他们。2004 年 10 月,特勤局让他搬去迈阿密,以保证他的安全。同时,他在新泽西的电脑里还保留着所有文件的副本。而他正在使用的邮箱 soupnazi@efnet.ru,成了后续事件发展的关键。

冈萨雷斯曾在迈阿密协助过另一起调查,是特勤局的线人,每个月有 1200 美元的工资。在特勤局看来,他们不仅抓住了罪犯,还用最小的成本改造了冈萨雷斯。

真相却并不是如此。2003 年,冈萨雷斯跟另一名黑客克里斯托弗·斯科特共同想出了侵入 Wi-Fi 网络的方法,并黑进了另一家零售连锁店 BJ 的批发部,窃取了他们的数据。冈萨雷斯又一次成了双面黑客,开始了犯罪。

迈阿密风云

抵达迈阿密后，冈萨雷斯又结交了一群黑客朋友，其中有两位分别叫帕特里克·托伊和斯科特·瓦特，他们形成了一个松散的团伙。冈萨雷斯教唆斯科特和托伊侵入一家名为 Office Max 的商店的 Wi-Fi 系统，他们获取了该商店用户信用卡的相关信息和 PIN。但 PIN 是加密过的，冈萨雷斯找到了会解锁的人。之后，冈萨雷斯便带领二人一同开始黑客侵入行为，寻找容易侵入的零售商 Wi-Fi 系统。

2005 年 7 月 12 日，斯科特开车去了 TJX 在迈阿密的商店。那天是星期二，商店照常营业。他坐在车里，笔记本电脑连接着一条天线，这看上去像是一罐空的品客薯片盒，能放大 Wi-Fi 的信号。他一直等待着，直到电脑程序破解了密码。

侵入 Wi-Fi 之后，他就能获取管理员的登录信息，进而进入整个公司的主要服务器。对于数据窃贼来说，那里可以说是名副其实的宝库。

斯科特黑进了其中的一个服务器，安装了一个黑客程序，该程序能监视网络的每一个数据包，寻找有用的信息。这个程序是史蒂芬·瓦特为冈萨雷斯写的，名字叫"blablabla"，这个黑客程序在服务器中潜伏了数月。

2005 年 9 月，斯科特重新登录了系统，窃取了 3 个月来一直在悄悄收集的数据。

黑客都不喜欢繁重的工作，黑客想要一个能够不会被探测到的程序以及一种可靠的接收数据的方式。毕竟，TJX 已经察觉到 WEP 的危险之处，并随时可能更改安保措施，这将会把他们的路封锁住。2006 年 5 月 14 日，星期天，斯科特再次侵入了 TJX 的服务器。这一次，他在 TJX 的服务器跟冈萨雷斯黑掉的服务器之间搭建了 VPN，以获取数百万名客户的信用卡信息。冈萨雷斯在加利福尼亚的服务器中接收到了总共 80 千兆字节的数据，斯科特随后删除了一些日志文件，以掩盖自己的踪迹。

这一举动十分大胆，但是并没有人察觉到。TJX 并没有针对未授权渠道侵入 Wi-Fi 网络设置提醒，也没有应对未授权来源而关闭程序的控件，更没有针对侵入行为制定对应的安全措施。这是冈萨雷斯的理想计划，他们深潜在系统之中，但没有人察觉到他们的存在。他们最后一次提取数据是在 2006 年 12 月 18 日，TJX 的 IT 安全小组发现了他们的存在。

2005 年 4 月，美国特勤局圣地亚哥办公室开展了一项名为"Carder Kaos"的线上卧底行动，旨在找到并逮捕参与互联网金融犯罪的嫌疑犯，这最终导致了亚斯特雷姆斯基在土耳其的被捕。对他的审讯指向了两个人，在网上化名为"Johnnyhell"和"Segvec"，他们向亚斯特雷姆斯基出售了数百万的信用卡信息堆。通过比对信息堆的内容，特勤局很快锁定了目标人物。Johnnyhell 是亚历山大·苏沃洛夫，他于 2008 年 3 月在德国被捕，当时的他正准备前往巴厘岛。

亚斯特雷姆斯基将 IRC 日志保存得很好，这也给那些试图寻找蛛丝马迹的人带来了很大的困难。金·佩雷蒂是华盛顿的计算机犯罪和知识产权保护方面的高级律师，她曾与冈萨雷斯合作过一次围剿 Shadowcrew 成员的行动。佩雷蒂搜索亚斯特雷姆斯基的电脑聊天日志，试图弄清他在和什么人打交道。佩雷蒂回忆道：

那里有成千上万条聊天记录，大部分都是胡说八道，或者是没有实际意义的聊天。在这些聊天内容中混杂着交易内容，你会看到被黑企业的名字。

大部分的聊天日志都是实时讨论文件，他们在线寻求其他黑客的帮助。

另一起逮捕行为发生在西班牙，特勤局发现了一个邮箱，用于与亚斯特雷姆斯基保持联系，那个邮箱是：soupnazi@efnet.ru。

"噢，我的天！"佩雷蒂立即意识到了它的重要性。

捆紧线头

2008 年 5 月 7 日，亚斯特雷姆斯基销声匿迹 10 个月后，美国特勤局逮捕了冈萨雷斯，指控其黑入了戴夫 & 巴斯特连锁餐厅的企业网络，并在其系统里植入了 blablabla 程序，以获取信用卡和借记卡相关信息。

该版本的 blablabla 有一个问题：企业网络系统关闭的时候，该程序也会自动关闭，但其不会随着系统一起重新启动。所以冈萨雷斯不得不开车去这家餐厅，重新黑入企业网络，收集相关数据。

如果你反复去一家餐厅，却不消费任何东西，你的踪迹就会被记录。

2008 年 8 月，冈萨雷斯因为 TJX 以及戴夫 & 巴斯特餐厅两起事件被起诉。2009 年 1 月，哈特兰支付系统公司发生了一起严重的侵入事件，并有 1.3 亿张信用卡信息被窃取，冈萨雷斯也参与了这起案件。

冈萨雷斯称他"要么发财，要么战死"，但这两者均未发生。2009 年 1 月，亚斯特雷姆斯基被捕，土耳其法庭判其 30 年徒刑，这也推下了一连串事件的多米诺骨牌。2010 年 3 月，冈萨雷斯签订了认罪协议，期待特勤局能撤诉。令他没想到的是，他被判处 20 年徒刑，立即执行，这也是当时身份信息盗窃罪及网络犯罪最重的刑罚。TJX 黑客事件是第一起商业黑客事件，也是历史上最大的一起商业黑客事件。

但冈萨雷斯并没有弄到很多钱，他被指控骗取了 165 万美元的现金

（其中约 110 万美元埋在了后院）。斯科特诈骗金额为 40 万美元，托伊只得到 9500 美元。

2008 年 9 月，TJX 的副主席表示，如果美国能实施 EMV 支付标准，侵入或许可以避免。英国和很多欧洲国家已于 2006 年实施了 EMV 标准（芯片密码付款系统），它会在终端验证卡和 PIN，在确认身份前对卡的信息进行加密。美国没有强制要求零售商使用 EMV 标准，2016 年年底美国运通公司才提供了 EMV 标准，直到 2020 年 10 月才会全部覆盖。EMV 标准能减少银行卡信息被盗的危险，但当时的美国对此并不积极。

TJX 潜在的损失难以估量。2008 年 8 月，服务供应商杰斐逊·威尔斯和麦克唐纳·乌尔希表示，假设有 4100 万张卡失窃，每张卡损失了 300 美元，你就有 123 亿美元的损失，这还不算法律和解和民事诉讼的相关费用。

然而实际上的损失却少得很。2009 年 6 月，TJX 向美国 41 个州支付了 975 万美元，用于对数据泄露的相关调查。TJX 当时的首席财务官表示，TJX 将"在探索美国信用卡支付行为中起领导作用"。根据这些年来的文件显示，TJX 的直接损失共达 2.56 亿美元。

专业知识缺口

沃克现任俄勒冈州立大学计算机专业研究员，我询问他，听说 TJX 黑客攻击是在 WEP 系统崩溃时发生的，对此他有何看法，是理解，还是担忧，又或是早就习惯了？"是的，'习惯了'是个很不错的说法，"他回答，"一旦安全协定出现了明显的漏洞，就一定会有罪犯乘虚而入。"

他认为，发生这类事件的问题在于设计系统很简单，而设计一个安全系数高的系统却很难。

在专业知识上，我们的设计团队仍然有许多的不足。大多数系统工程师在大学时没有学过加密算法，他们的专业知识有限，只能尽可能地做到最好。在测试实验阶段，工程师需要让系统的所有软件库（包括所运用的加密算法）都适应其前期设计。但加密算法是一种非常优化的算法，因此它很难适用前期设计这种标准化的编程操作。并且实际上，加密算法的应用要求人们对此重新设计一个系统，以使得其密码库里的预设密码是可以运行其系统的，可通常人们的做法是相反的。

换句话说，WEP 系统的加密方式并不适用于其本身。设计者曾尝试让该加密方式在传输破译信息的同时也给系统提供保护，但最终失败了，该加密方式无法达到这一预想的结果。

信用卡行业也注意到了 TJX 商店的黑客事件，但他们却并不焦虑，而是不紧不慢地实施应对措施。2008 年 3 月，支付卡行业安全标准委员会宣布，从 2010 年 7 月起，禁止使用运行 WEP 系统的信用卡支付业务。当时，WEP 系统的漏洞问题已存在了 10 年之久，即便想要破解 WEP 最复杂的密码系统，也不过是几分钟的事。

保罗·布特卡于 2008 年升任 TJX 的全球应用开发部主任，于 2009年 11 月离职。2017 年年底，他担任康涅狄格州鲍勃折扣商店的首席信息官。2012 年，在一次采访中，记者问他，在数据泄露事件中，他学到了什么，他回答，"我学到了很多有关信用卡行业数据安全标准的知识"。

大多数信用卡数据被窃的客户并没有得到现金补偿，他们只收到了代金券，可以凭借该代金券去 TJX 旗下的商店购物，而这些商店也就是他们的卡户信息被窃的源点。

代金券能挽回用户的信任吗？2007 年 2 月，贾夫林研究所发布的数据表明，3/4 的借记卡持有者表示，他们不会在发生数据泄露的商店继续购物。但这种态度和决心都是十分短暂的。2007 年 8 月，高德纳咨询公司的一项调查表明，只有 22% 的客户选择"不继续在 TJX 购物"。"他们知道会由银行来承担他们的潜在损失，"高德纳公司的阿维瓦·利坦表示，"更多的 TJX 顾客显然更加在意他们可以享受的折扣，而不是信用卡的安全。"

与此同时，冈萨雷斯和其他囚犯一起被关押在了密西西比州的监狱。他的释放时间暂定在 2025 年 10 月 29 日，届时他年满 44 岁。

小结 | TJX 黑客事件

- 在采用新的技术之前，需要先彻底调查该技术的安全性。TJX 早期引进的 Wi-Fi，仅仅是为了给企业带来利益，但他们破坏了无线安全的标准，这一事实也被公之于众了。

- 如果你在系统里发现了安全漏洞，不要为了节省开支而延迟关闭系统。考虑到互联网的规模，迟早有人会发现这些漏洞。

- 在系统周边建立监控设备，对每一次网络连接都保持警惕。

- 在遵守财务安全要求上不能马虎。如果别人比你做得更好更快，你就会成为攻击的目标。

- 数据泄露的第一个迹象通常是地下论坛对客户及其财务数据的交易。

- 公司在运营过程中极容易遭遇黑客攻击，同时，公司的处理方式也决定了客户之后对你的态度。

- 黑客会十分努力地获取财务信息。在他们眼里，大公司的客户财务信息基本都交给了一些安全性较差的银行。

05

"是时候该付钱了"：
勒索病毒

我在演讲中谈论过黑客。

知道吗？很多人做黑客只是为了出风头，赢得一些跟人吹嘘的资本。

未来，黑客技术可能会发展成一个全新的产业。

——Moti Yung，哥伦比亚大学教授、著名密码学家

即便在人才辈出的黑客领域，约瑟夫·波普也是十分独特的存在。他在哈佛大学学习生物学，在非洲研究了 15 年的狒狒，并在纽约建立了一个蝴蝶保护区。2000 年，他自费出版了一本《流行的进化》，在书中，他声称人类存活的唯一原因是"最大化了生殖成功率"。

这一切开始于 1989 年，头戴纸板箱的波普，正因为黑客攻击的罪名在英国等待审判。

波普发起的不是一般意义上的黑客攻击。在当时，黑客攻击是指窃

取主人的保密信息，将其提供给错误的人或是公之于众。而他的一个偶然行为，却在未来永久地改变了黑客的运作模式。他拦截了被黑的电脑，只有受害者支付赎金才能重新访问自己的电脑。

1989 年 12 月，波普发起了一次报复性突袭，事情的起因是他在世界卫生组织的工作面试中落选。而当时，少数商业用途的个人电脑仍在运行 Windows 的前身系统 MS-DOS，而且还不能联网，只有大学里的主机才能联网。由于没有互联网去传播他的恶意软件，他把它们刻进了 2 万张标记为"艾滋病介绍"的光碟里，并将其发放给了当年参加世界卫生组织举办的世界艾滋病大会的参会者。

波普在其光碟上毫不掩饰自己的意图，随光盘附赠的手册上写着"这些程序将会影响计算机上的其他应用程序，你可能会因此而支付一些费用，而且你的电脑也会停止正常运作"。但即便是在 1989 年，人们忽视说明书直接使用产品的现象也十分常见。那些不够仔细的人直接将光碟放进了电脑，屏幕上显示了一个看似无害的程序安装界面，"此程序旨在提供有关艾滋病的最新信息"。

几天后，这个程序弹出了一个对话框，"请支付 PC Cyborg 公司的软件租赁费用"，费用是 109 美元 / 年。

那些无视说明书的人，几乎每个都收到了匿名的 ASCII（美国信息交换标准代码）信息：

很不幸地通知你，在收集和执行文件的过程中，你偶然遭到了 HÜ ¢ KΣΔ（原文）侵入，你会因此倒霉。不可能？不，它确实发生了。一个 √ îrûs 感染了你的系统。你该怎么办？哈哈哈哈。请享受这次体验，并请记住，治疗艾滋病的方法根本不存在。

然后什么都没有发生。至少，没有立刻发生。在电脑重启满 90 次之后，这个病毒就会启动，通过重命名、加密和隐藏系统上的目录和文件来攻击电脑文件。

不幸的是，波普在编码过程中出了错。尽管加密方式是可靠的，但他将执行加密程序的密钥存储在了同一个文件里。新兴的杀毒软件注意到了这个漏洞，并解决了近乎所有受害者的问题。波普也因可疑的举止，在荷兰阿姆斯特丹史浦机场受到了审问，随后他在俄亥俄威罗维克的家中被 FBI 逮捕，并被起诉。

波普消失于历史的舞台，但是勒索软件的创意却席卷了整个世界。黑客的侵入方式从此改变，不再局限于固有的模式。

《异形》

1995 年某日，Moti Yung 正坐在纽约哥伦比亚大学的计算机科学系办公室里，由他指导硕士论文的学生亚当·扬上门拜访了。他想与 Yung 探讨有关密码学和计算机病毒的问题，当时这两个话题并无太大的关联。密码学是一门关于编码和破译编码的学科；而计算机病毒则是未经授权的程序，它可以在机器上运行，并在网络上传播。但当时网络的传播范围有限，互联网是个较新的概念。微软的 Windows 95 能引入互联网连接，但是其配置很复杂，速度仅有 3 Mbps 宽带线路的 2%，其内容和服务都没能体现出现代互联网的魅力。

所以，将计算机病毒跟密码学结合在一起的想法似乎十分抽象。随后 Yung 向我解释，这类话题的结合其实早就有了先例：

曾经有一个艾滋病病毒（也就是波普写的勒索病毒），它在恶意软件的研究社区里知名度甚广。大家担心会有坏人修改它的缺陷，再投入使用。为了防止社区研究出更完善的恶意软件，我们必须发表这篇论文。

当被问到会不会因为这篇论文而有犯罪分子想与他们合作时，Yung解释道：

我们是这么想的，我们要在专业的领域发表专业的学术论文，只有学者才有权限看到，普通的黑客无法看到。我们会在反病毒社区里宣传这篇论文，让他们了解最新的趋势，并开始全新的思考。

在线加密依赖于公钥加密系统，那时，对两个大素数的乘积进行因式分解十分困难。随着素数值的增大，两个素数产生的数值在计算上就更难，所以，由已知加密密钥推导出解密密钥在计算上是不可行的。

公钥系统将大量的加密密钥存储在公有领域，但不公开解密密钥。公钥系统创建了一个无限大的数字挂锁，只有主人持有的私钥才能解锁。如果没有数字密钥，想要破解计算机可能花上数年也无法达成；而只要拥有了密钥，就能够在微秒内打开数字挂锁。

如果波普当时能用公钥系统加密文件，并通过某种方式保存私钥，他可能已经通过勒索软件赚了很多钱了。

Yung和他的学生开始着重研究波普暴露出的核心漏洞：如何确保你的加密密钥就在自己手边，还不能被黑客发现。

他们的话题范围一下子扩展开来。他们谈论起电影《异形》里的怪物，它能通过产卵感染宿主。而令两人感兴趣的是这种生物保护自己的方式，如果你试图把它拉下来，它就会缠住宿主；如果你想切断它，它就会释放出腐蚀性的酸液。这是一段强制性的共生关系，想要移除病毒，会造成更大的损害。那么在数字和密码领域，谁会是那只"异形"呢？如何制造出这样一只密码异形，让你对它无计可施呢？而在勒索软件的威胁下，你要如何生成密钥，同时不让别人拿到密钥呢？对 Yung 来说，这些问题的根本就是，最阴险的恶意软件究竟能有多大的破坏力？

最容易联想到的答案是格式化电脑硬盘。但只是格式化硬盘，不足以威胁受害者支付赎金。

话题进一步推进：如果黑客得到了赎金之后仍保留了数据，那会发生什么？"我们发现了首次安全数据绑架攻击，"Yung 后来在发表于《美国计算机协会通讯》（*CACM*）的论文中解释，"我们称之为'加密敲诈'。"

他们当时讨论的正是如今的勒索软件的敲诈机制。黑客首先创建了公钥及私钥组——无数的"公共"挂锁和单一的"私人"密钥。然后，病毒感染了目标机器，并开始加密文件。但是它不会用公共的挂锁加密，否则那些支付了赎金解锁了系统的人，就能帮助那些中了同样病毒的人。相反，恶意软件能随机生成一个本地密钥来加密文件。然后，它再用黑客原始的"公共"密钥去加密那个本地密钥。受害者只剩下一台装满了加密文件的电脑以及一个可以解锁的文件。解锁文件的密钥被存放在一个"锁上了的保险箱"里，只有黑客才知道如何获取。

如果你想要恢复原来的数据，你只需支付赎金，然后把加密的本地密钥发给黑客。一旦赎金支付完成，黑客就会解锁本地密钥，然后把它发回给你，你的文件就可以解锁了。黑客会综合考虑受害者的现状、时机和支付能力，并根据这些制定交纳赎金的截止日期。

只需要几步操作：让电脑告诉受害者汇款地址，然后建立起汇款设施，就能在不被抓的情况下完成这件事。

1996 年的 IEEE 专题讨论会上，Yung 和扬发表了一篇题为《恶意密码学：敲诈勒索的安全威胁及对策》的论文，然而他们的工作却被世人看作一场空想。Yung 回想道：

> 他们认为我们很有创意，同时又有些庸俗。我们发现，公钥密码学能够打破反病毒分析师与攻击者之间的平衡。密码学本用于防御性用途，却也能转换成一种攻击工具。

他们称这一新的攻击方式为恶意密码攻击。

即便他们的想法、观点在全球范围内传播，可若是黑客想要利用这一点，还需要一些额外的技术。对黑客来说，最难的部分不在于密码学，因为病毒跟加密程序的掌握途径十分丰富且易得。最难的部分是不留下线索，通信和支付过程都有可能被警方追踪，这需要匿名的通信和支付系统。

数字加密货币在理想情况下无法被追踪，可完成"隐身"支付，对黑客来说是最好的支付模式。"我们甚至编写了一套匿名电子支付系统，用来收取赎金，"Yung 说道，"我们已经开始设想基本攻击所需要的所有支持技术。"

波澜暗涌

到 2004 年，支付赎金的想法开始引起了一些黑客的关注。但他们所面临的难题是，所有通过银行系统（包括 PayPal 在内）支付的款项都可以被追踪，这意味着所有利润很快就会被没收。

勒索软件产业开始发展，它们普遍都有技术漏洞。安全公司

Quarkslab 的一名安全研究员亚历山大·加泽在 2008 年断定，勒索软件是一场"注定失败的大规模敲诈"，因为"其设计是不合格的"，并且大规模作业无疑会暴露恶意软件的编写者的真实身份。

同年 10 月，一封加密邮件公开了一篇名为"比特币：一种点对点的电子现金系统"的研究论文。文中列举了创建数字加密货币的过程：该类货币不依托任何实物，也没有真实价值，是一种依靠大数分解创建的数字货币，使用该货币的每笔交易都在全世界数百万台电脑上同时运行，由区块链系统将其紧密联系在一起。这些比特币存储在电子钱包里，就好比电脑里的文件，可以通过普通的法定货币（如美元、人民币或英镑）在线购买与出售，比特币的概念因此产生。

比特币为勒索软件提供了理想的不可追踪的货币系统，这组成了计划的第二阶段。因为每一笔交易都存储在区块链里，尽管人们可以追踪黑客将比特币转移到个人钱包的过程，但洗钱相对容易了，可以交换成比特币，或是将比特币提现成法定货币。"暗黑钱包"（Dark Wallet）也使得交易更加容易，他们会把普通交易与洗钱交易混合在一起，以躲过审计追踪。比特币在 2010 年成为一种货币交换手段。

作家艾丽娜·西蒙尼在回顾 2015 年的勒索病毒的演变时提到，Yung 和扬的研究"对勒索软件带来的贡献相当于贝西默（首创酸性转炉钢的英国工程师）给钢铁行业带来的贡献"，他们将一门手艺变成了一个产业。

黑暗场所

2016 年 2 月，萨里大学计算机科学系的艾伦·伍德沃德教授开始怀疑，是什么推动了 Tor 暗网（匿名网站）数量的增长？

Tor 暗网和其他网站一样，是运行在电脑上的网络服务器，但它是有效的网络匿名工具。Tor 暗网（也就是洋葱路由器）是美国军方于 20 世纪 90 年代中期设计出来的，帮助间谍在不受监视的情况下联网，让军方建立起普通人无法浏览的网站，这给间谍创造了完美的网络环境。

和后缀为 .com 或者 .org 的网址不一样，后缀为 .onion 的网址只能通过 Tor 浏览器（或是装有 Tor 网桥的普通浏览器）打开。Tor 是独立的，拥有自己的出入口，可以连接到更广泛的网络。Tor 使网页浏览匿名化。配置正确后，你就可以给机器联网，且不会被人追踪，数据包也不会被窃听，所有的数据都像洋葱一样，被多层加密包裹了起来。

"隐藏的" Tor 网站依附在机器里。理论上说，你无法用一种标准的方法识别出运行了 .onion 网站服务器的机器，而使用 Tor 网络的痕迹也是无法被追踪的。现实中，那些攻击网站服务器的黑客也会使用 .onion，美国 FBI 也用这种方法封禁虐童图片网站。

除了间谍之外，Tor 网站是那些想在暗网上销售非法商品与服务的人的理想选择，它也为黑客提供了存储密钥、联系急需密钥的人的场所。

伍德沃德注意到了 Tor 网络记录所连接的以 .onion 为后缀的网站数量，从 2016 年年初的 4 万个猛增至 2018 年 2 月初的 11 万个。

其原因就是勒索软件的出现。勒索软件 Locky 创建了一些新的网站，这让他们离完全匿名更近了一步。付款不仅需要通过比特币，还需要在 .onion 上完成支付。这无疑是最前沿的技术，给 Locky 带来了技术上的双重挑战。

Locky 软件会给目标邮箱发送一份 Word 格式的发票。如果你打开了它，执行了宏（macro）代码（一种能简化任务的 Microsoft Office 内置编程语言），它就能加密你的本地文件。如果你没有执行宏代码，它也会请求执行，并加密你的文件。

Locky 主要依靠两种传统技术：传统勒索软件的设计原理、恶意 Office 系统宏代码。1995 年 7 月，后者的潜在危害得到了一名微软匿名员工的证实，巧合的是，Yung 跟扬也在担忧恶意加密所带来的危害。尽管 Locky 勒索软件所携带的 Concept 宏病毒不会做任何有害的事，它只会弹出一个数字"1"的对话框，按下默认的 OK 按键就可以关闭，但它却会影响之后文件的共用模板。一旦感染用户与他人分享了文件，别人的共用模板也会被感染。1995 年，Concept 宏被纳入了微软的兼容性测试，然后传送给了用户。接下来的 4 年里，由此引发的恶意攻击事件陆续发生，微软的 Office 默认设置为启动所有宏（这可能会运行所有具有潜在危险的代码），这意味着除非你将它关掉，否则你打开的文件都会在后台运行宏。

1999 年 3 月，这一明显的安全漏洞衍生了宏病毒"美丽莎"。它以 Word 文档的形式发送了一封题为"来自××的重要信息"的邮件，这个 ×× 通常是接收者认识的人，他们都在发件人的 Windows 联系人里。

邮件文本中写道，"这是你请求的文件，请勿展示给他人"。附件的文件里有一列色情网站，接收者还未搞清状况，宏已经给用户的联系人发送了同样的邮件，这大大增加了邮件被打开的概率。它还感染了 Word 的通用模板，用户新建的文件也会被病毒感染。如果你把你的文件发送给没有被美丽莎感染的人，他们也会被感染。

美丽莎以乘数效应飞速传播，尽管它看上去没有造成特别的损害，但它可能已经删除了一些用户的数据。微软在 2000 年禁用了宏代码，但美丽莎充分展示了其独特的强大——通过引诱或愚弄的形式诱导人们去做一些本该保持警惕的事情，比如打开一份文件，这使得勒索软件重获生机。

邮件附件很快成为扩散恶意软件的主要方法，它要么能嵌入整个系统，要么能在系统中安装一个小程序，并通过该程序联网下载剩余的有效载荷（payload）。

在21世纪早期，通过邮件附着的恶意软件占领他人电脑，或通过浏览器加载有毒软件，已然成为一项庞大的非法商业活动。因为大多数人只收发邮件和浏览网页，所以电脑有足够的网络带宽速度。如果黑客能利用这一点，生成并发送软件，或是向主机发送大量的攻击，就能挣到一大笔钱。黑客建起了僵尸网络攻击，这能让数百万台电脑成为一项按小时收费的生意。

然而想要达成这样的目的，首先需要建立起自己的僵尸网络。黑客将目光放在了安装次数最多、使用最广、缺陷也最多的程序上，他们锁定了Adobe的Flash播放器。超过10亿的个人、办公电脑都装有Flash播放器和IE浏览器，Adobe的Flash播放器运行时，可以让黑客轻松跨越数十亿的浏览器和操作系统抵达用户的桌面，不需要额外安装软件。Adobe的主页在2012年7月声称，"在新版本发布的6周内，已经有4亿台电脑更新了新版的Flash播放器"。也就是说，有6亿台电脑还在运行旧的版本，并还会在未知的一段时间内继续使用，黑客还有可能通过Flash播放器侵入用户的电脑。

严重性与焦虑感

作为传播恶意软件的渠道，Flash播放器究竟有多脆弱呢？答案是：非常不堪一击。Flash播放器一开始只用于展示图片文件，后来又将业务范围拓展到视频与动画游戏，同时用自己的脚本语言编写了Flash应用，还拥有在用户电脑上写入、访问和读取文件的权利。每一个环节都面临着安全性挑战，这是一项很严肃的事情。Adobe一次性做出了太多尝试，这难免会给安全体系留下很大的漏洞。

美国政府资助的米特公司整理了安全漏洞的列表，并介绍了每一个安全漏洞，并为这些漏洞提供了从低到高（1~10）的风险评级。在这个网站上，我们能很清楚地看到 Flash 的安全记录。

2016 年年初，仅 Flash 播放器就出现了 700 多个公共漏洞。其中"高度严重"的漏洞（系数在 9~10 区间内的漏洞会造成严重的伤害，例如在用户电脑上运行攻击者的代码）在 2010—2014 年期间保持在 55 个左右。而在最近一次更新的数据中，2015 年的漏洞数跃升至 294 个，2016 年则出现了 224 个漏洞。

尽管研究员（尤其是在谷歌）发现了很多新的漏洞，但他们的修复方案也给黑客提供了帮助。黑客通过回顾修复历史，比较程序的已修复版本和未修复版本，能够找到重要的突破口。

同时，要弥补这么多的漏洞，Adobe 及其用户也面临着十分艰巨的挑战，几乎每天都要升级系统。CVE 数据库会集中收集每两周或者每个月的系统漏洞，这些漏洞可能已经在新的更新中得到了修正。尽管 Adobe 鼓吹 10 亿台设备中有 4 亿台已更新了系统，但仍有大多数人没有更新，大部分人仍旧有意无意地保留着旧版的 Flash 播放器。

大多数老牌企业倾向于依赖 IE 浏览器，它跟电脑还有微软公司绑定在一起，同步更新。恶意软件的编写者对此并不满。2012 年 IE 存在着 22 个严重的漏洞，而 2013 年漏洞数跃升到了 114 个，2014 年则达到了 217 个。你正在运行的是哪个版本并不重要，任何一个版本都有数百个漏洞。

对一般用户来说，除了更新系统、下载补丁所需的时间之外，他们还要重启电脑，这是一项十分繁重的工作。而即便时常更新，你的版本也有可能会落后。许多用户选择依赖杀毒系统，希望它们能探测出一些已知恶意软件的代码模式。当然，只有出现了第一个受害者，杀毒公司才能对恶意软件做出反应。

攻击 Windows PC 系统很快形成了产业链。只要浏览器打开了被感染的页面，里面的一个小程序就能很快识别出电脑运行了哪款潜在的高危软件，然后远程服务器能匹配出最合适的恶意软件。一旦电脑被侵入了，接下来的事情就取决于恶意软件了——它会把你的电脑变成可以远程控制的机器，或者加密你电脑里的文件，而有时这两件事会同时发生。

数百万浏览量的知名新闻网站，也为黑客提供了可乘之机，危险的页面随处可见。《纽约时报》、英国 BBC 广播公司和《卫报》都谈及了恶意广告，《卫报》还于 2015 年 12 月起发表了长达 4 年的连载，谈论失控的网络犯罪。

避免的方法就是不使用 Windows PC。苹果电脑的操作系统完全不同，这为恶意软件代码的编写者带来了麻烦。也因为用户群相对较小，所以不是黑客的主要攻击目标。不然的话，用户只能持续保持更新 Flash 播放器和 IE 浏览器，以防被攻击。

2015 年 10 月，思科网络公司查出了 147 个给勒索软件提供服务的代理服务器，他们每天会瞄准 9 万名用户，全年能获得 3000 万美元的盈利，平均每月有 1310 万名受害者，约 40% 的人是被他人感染而遭到攻击的。其中，约 60% 的受害者平均需要支付 300 美元赎金，而每 100 个人里面就会有 3 个人支付赎金。

及时处理

位于剑桥郡的帕普沃斯医院在英国心肺治疗领域位居前列。1979 年，英国首例心脏移植手术在此成功完成。在英国国家卫生服务机构中，它的表现称得上数一数二，每年能接纳 24000 多名住院患者和 73000 多名门诊病人。它平均每天要为近 300 名病人服务，且提供 24 小时全天治疗。

2016 年，医院的 IT 预算部门计划实施一套新的电子病历系统，总预算为 60 万英镑。可 2018 年医院要搬迁至新地址，且要转移数百台电脑和医院的联网医疗系统，这增加了任务的实施难度。不仅实施上困难重重，开支方面也面临着董事会的压力。6 名 IT 人员需要处理 60 多台服务器和大约 18 太字节的备份数据，也就是数千个十亿字节的数据。帕普沃斯医院一直在着手推出电子病历系统，并计划将他们的系统从 Windows XP 升级至 Windows 7。

2016 年夏天的一个晚上，危机降临了。晚上 11 点左右，一位临床小组的员工点开了一个网站链接。这启动了一个自动下载程序，恶意软件无声地潜入了电脑，并开始在网络上蔓延，且自我复制到了更多的电脑上。

午夜过后，它开始自动加密服务器文件，包括临床分析科的文件，那里有需要核验的血液报告和其他紧急病患的检测结果。

服务台接到了一级警告，IT 员工这才知道发生了什么。当时，管理整个 IT 团队的简·贝雷津斯基解释道，"病理科告诉 IT 部的值班人员，他们无法获取病人的病理结果"。而当工程师意识到发生了什么的时候，第一台感染的电脑切断了整个网络连接。更糟的是，帕普沃斯医院当时采用的是相对古老的系统，他们使用的是文件共享服务器，贝雷津斯基后来表示，"这次密码攻击破译了我们的共享文件，并加密了数据"。

凌晨 1 点，已经有 3 名 IT 工程师在工作了，试图确认勒索软件的扩散范围和破坏程度。第二天早上 6 点，医院宣布，发生了一起"重大事故"。整个 IT 团队一直工作到第二天晚上 9 点，贝雷津斯基始终通过短信和邮件与他们保持着联系。

贝雷津斯基后来表示，帕普沃斯医院"非常幸运"。勒索软件的定时机制推迟到午夜才启动，这意味着在恶意软件加密所有文件之前，系统刚刚进行了一次数据备份。

即便如此，数据恢复也用了 2 天的时间。"这十分重要，关乎临床安全。"贝雷津斯基解释道，"实际上，我们对系统的修复进行得非常快，但是我们需要确保系统完全恢复原样，没有任何改变。所以在正式发布信息前，我们需要对医疗系统进行临床输入和检查。关键问题在于，我们需要核实个人电脑或者服务器里是否存在潜在的危险。"

贝雷津斯基还说道，"我们很幸运，这起事件发生在周末，在当时并没有预约的手术"。她还提起，那个点击了感染链接的人并没有汇报这一行为，如果他早点意识到，问题也许能更早解决。她在当年 11 月的一次演讲中说，"我们系统的主要弱点在于员工和用户的行为"。

所以，帕普沃斯医院及其患者是否足够幸运呢？"这不是运气，"贝雷津斯基说道，"我们已经进行了一整年的信息和数据安全研究，另外还雇用了网络安全专员，做了很多工作，来加强防御系统。医院的内联网上会显示该做什么、如何回应、该注意些什么。我们不存侥幸心理，该担心的不是事故'会不会'发生，而是一旦事情发生，我们该'如何'响应。"

从恢复到存储

虽然遭遇勒索软件攻击是件可怕的事，但是勒索软件也有漏洞，它只能加密它能找到的文件。用户在网络世界中想要卸载并重新安装系统软件十分容易，虽然一些恶意软件能无声地加密文件，但这些文件不可能仅有一个备份。照片通常是最有个人价值的文件，幸运的是，智能手机和云存储保护着这些我们珍视的照片。

对大企业来说，更是这样。2015—2016 年，很多英国国民保健医院遭到了勒索软件的攻击。通常情况下，他们会隔离受感染的系统，清除恶意软件，并从备份中恢复数据。因此应对勒索软件攻击的标准做法是，不在个人电脑上存储数据，一切都存储在服务器上。

然而，勒索软件攻击仍可能带来毁灭性的影响。2007 年 5 月 3 日，星期三，绍斯波特医院和奥姆斯克医院的高层讨论了内部网络的脆弱性。一位主任问起，能否做到数据离线备份，却被告知成本高得"让人望而却步"。尽管已有相应措施，但要加强存储的数据和使用中电脑的安全性，其正式实施需要等到 12 月。

5 月 12 日，星期五，上午 11 点 30 分，绍斯波特医院的一位 IT 专员接到了一通电话，称他们的系统运行异常。然后，另一通电话也进来了，一位叫梅德韦的人声称自己无法登入电子病历系统。

随后，戏剧性的事发生了。杀毒系统没有勘测出任何危险迹象，CPU 完全运行正常，一切看起来没有出现任何问题。

世界上有上千家公司都有过这样的经历，勒索软件正在加密电脑里的内容。屏幕上出现了一项要求比特币赎金的请求，每台电脑的赎金约300 美元，受害者需通过 Tor 网络向所示的账户支付赎金。

在绍斯波特医院，IT 团队紧张地在谷歌上搜索新闻，因为他们意识到自己正和其他人一样，被卷入了一场勒索软件攻击事件中。

英国网络安全研究员马库斯·哈钦斯意外地发现了残留在软件中的"kill switch"（手机自动毁灭装置）的随机域名，如果该域名成功连接网络，名为"WannaCry"的勒索软件就会下载至电脑上。尽管活跃时间不到 1 天，

WannaCry 勒索软件已经感染了 150 多个国家超过 23 万台的机器。

绍斯波特医院是受到严重影响的医院之一，它不得不取消所有的紧急手术，X 光无法使用，也无法联系门诊病人，内网也没法用了。与每位受害者一样，他们没有支付勒索软件的赎金，因此恢复正常服务需要 6 天的时间。

另一家受影响的医院是伦敦的巴特医院。尽管工作人员一发现感染迹象就关闭了系统，但在 12110 台电脑中仍有 2000 多台受到了感染，790 台服务器中有 2 台受到了感染。整整 6 天，巴特医院无法进行急症室的救护车服务。关键的问题是，有 200 台服务器使用的是旧版的 Windows 2003，而 2000 台个人电脑和医疗诊断系统（如成像扫描仪）都使用的是 Windows XP。微软在 2014 年停止了为这两款产品提供安全补丁支持，但巴特医院没有升级系统，一些系统（例如诊断系统）也无法升级。

该恶意软件借助 Windows 中的漏洞"永恒之蓝"（Eternal Blue）进行传播，一个叫"影子破坏者"的黑客组织在网上发布了这一信息。

但是在 2 个月前，也就是 3 月份，微软免费发布了更新程序，修复了除 XP 以外的多个 Windows 版本的漏洞。理论上来说，大多数用户都已经得到了保护。然而实际上，大公司会在更新系统补丁前，测试其与自己系统的兼容性，以防更新的补丁会破坏原有的一些关键服务。比如，永恒之蓝利用了一个广泛存在于 SMB 协议（用于网络通信）中的漏洞。许多公司都依赖 SMB 协议，而微软公司的补丁修复会修改这一协议，随之可能会带来无止境的问题。尽管 XP 系统已经停止了更新，微软还是在 2014 年发布了一个 XP 系统补丁。

所以，谁该为黑客的攻击负责呢？有关报告显示，98% 的受感染机器都运行了 Windows 7，而不是老版的 Windows XP，也不是新版的 Windows 10，这表明很多公司都没有重视系统的更新问题，这也是让黑客有可乘之机的原因之一。

修理、分类、理解

尽管有 16 间医院遭到了 WannaCry 病毒的攻击，可帕普沃斯医院却在这次攻击事件中毫发无损。所有医院的 IT 小组在周末都会每个小时备份一次内部数据，但这终究是预防性的，无法根治问题。很多遭到 WannaCry 攻击的医院最终都决定将病人转移到帕普沃斯医院。

"我认为 WannaCry 病毒攻击事件也有其积极作用，"贝雷津斯基表示，"那就是它提高了人们的警觉意识，强调了这类事件会产生的实际影响。"

如果你回到 5 年前（也就是 2012 年），黑客侵入根本不会被提到董事会议程上。而在 2 年前，它可能会被提上议程，但是仅限于"我们知道这是个问题，但它是 IT 部的人需要去处理的事情"。而现在，我们更多地认识到，这不仅仅是 IT 员工的事情，而是事关整个公司的大事。

医院面临着两大安全考验：一是大量临时工作人员的存在，尤指从事护理等基本工作的人员；二是部分医疗设备虽然落后，但仍可使用（且十分昂贵），这些设备只能接入不安全且不受支持的旧操作系统的接口。"我和 HR 聊过新员工的入职培训，同时提及临时工的培训问题，"贝雷津斯基解释道，"每个人都需要理解他们行为的意义及潜在的后果。"至于第二个考验，她认为 WannaCry 证明了"供应商对健康服务体系的安全至关重要"。

其他勒索软件造成的损失尚不明朗,但 WannaCry 的蔓延速度及其突发性已经影响了很多知名公司。Cyence 是一家致力于量化网络风险的创业公司,据其预估,全世界因 WannaCry 受到的损失(包括业务中断造成的损失和恢复成本)在 40 亿~80 亿美元之间。如果美国也受到了波及,其造成的损失将进一步扩大。

无声的战争

Yung 对 1995 年发生的这一连串事件表示并不意外:

在发表了恶意密码学论文后的八九年里,人们都认为恶意密码不过是纸上谈兵。实际上,恶意密码学是恶意软件与密码这两个领域的桥梁。有些人不知道病毒会产生多大的危害,他们无法理解一场攻击能够带来的经济影响,这种影响甚至可以改变局势。

从这种意义上说,恶意密码学拥有的力量,能为侵入者带来巨大的利益。我在演讲中谈论过黑客,他们做黑客只是为了出风头,赢得一些跟人吹嘘的资本。未来,黑客技术可能会发展成一个全新的产业。

公开发表这篇论文会不会引狼入室?勒索软件的出现是 Yung 和扬的错吗? Yung 表示,他们确实有所隐瞒,"大约在 2000 年,我们意识到反恶意软件社区对我们的概念并不感兴趣,所以我们没有继续分享病毒攻击事件"。也就是说,他们确实想到了一些可能的攻击途径,但是没有继续研究。如果他们研究了下去,能阻止黑客事件的发生吗?

还有其他人也在做这方面的研究，有些内容被我们写进了书里。但我们认为，黑客不会为了获得灵感而去阅读一本数百页的书，这能隔绝一些不怀好意的人。书中提到了一些设想的病毒形态，但它们不曾出现在论文中。例如不可追踪的攻击病毒，它会访问所有的系统存储，但是你不知道它到底偷走了什么。我们在书里写这些东西，是因为我们意识到大会上的一些人对我们的工作是持否定态度的。作为恶意软件的专家，他们尚未发明出这种病毒，所以他们不拿这个当回事儿。那个时候，我做了很多有关理论密码学和基础密码学的研究，并把它们收集了起来。

如果有一个恶意软件病毒能简单地加密你的文件，然后把密钥扔掉呢？"那么它就是破坏性的，"Yung 说道，"这意味着信息战争的正式打响。当然如果你手上什么都没有，病毒没有摧毁的对象，那么它就不具备煽动性和经济性。"然而，Yung 认为销毁信息的勒索模式并不可靠：

经济学能将这一切都放大，使勒索病毒成为一件可供选择的武器。黑客攻击不属于传统的信息战争，它能毁掉你想毁掉的一切，并帮助你在虚拟世界赢得名声。同时，它也能给你提供筹码。通常情况下，有经济刺激的领域就会形成一个产业，而没有经济刺激的领域也很难有所进展。所以我们认为这一产业会爆炸，并进入大众的视野。

Yung 注意到，WannaCry 并不是一场机会主义者的投机活动，"有人认为或许这只是一场试水"。

经过几天的追踪，结果初步显示，WannaCry 与朝鲜黑客组织有一定的关系。两家知名线上安全公司赛门铁克公司（Symantec）和卡巴斯基实验室（Kaspersky）分别发布报告称，他们研究了 WannaCry 程序，并找到了蛛丝马迹。

"这种老练的手法并不常见，"卡巴斯基实验室在博客中表示，"这可能出自朝鲜黑客组织'拉撒路小组'（Lazarus Group）之手。"

2017 年 6 月，英国政府通信总部（GCHQ）悄悄介入其中，并告知 BBC，这次攻击是拉撒路小组做的。美国的计算机应急准备小组（US-CERT）也持同样意见，只不过他们称拉撒路小组为"隐藏眼镜蛇"（Hidden Cobra），还说该黑客团队经常利用 Adobe 的 Flash 播放器来攻击系统。计算机应急准备小组称这次黑客行动为"无差别攻击"，并表示美国将施加"最大限度的压力"来遏制未来的黑客攻击。然而，进一步的进展还有待观察。

勒索软件从一个人的狂欢，发展成为现在的网络武器，其杀伤力能够使庞大的公司与组织的系统陷入瘫痪。这一切，花了近 30 年的时间。

小结 | 勒索软件

- 勒索软件正在以惊人的速度衍生出新的形式。使用勒索软件的黑客能实施接近完美的犯罪，他们可以轻松地获取赎金，且这笔赎金几乎无法被追踪。他们只需要劫持你迫切需要的某些数据，甚至不需要对数据进行进一步处理。

- 对付勒索软件的第一道防线是设备，不安全的设备加上未更新的软件等于没有设防。平板电脑等移动设备能提供更好的保护。

- 对付勒索软件的第二道防线是对用户的培训。不要点击可疑链接（所有的链接都是可疑的）或打开可疑附件（所有的附件也都是可疑的）。确保每位新员工都接受了相应的培训，必要时可以在设备上附上警告。

- 对付勒索软件的第三道防线是数据备份。当加密系统的数据遭到破坏，从备份中恢复系统是最简单的处理方法。但是，你也需要确保问题的隐患已经消除，否则备份会被一起毁掉。

- 支付赎金似乎可以解决问题，但是它就像转动俄罗斯轮盘一样，不一定能得到令人满意的效果，并且它还会助长未来的勒索软件的发展。

- 如果你们需要依赖电脑系统工作，联系你们的供应商，寻找不受勒索软件威胁的产品。供应商必须尽快适应环境，帮助用户应对此类威胁，并预防问题的进一步恶化。

- 商业杀毒系统也不一定能阻挡所有形式的勒索软件。攻击形式在不断发展，你的系统也许可以抵御旧的攻击形式，但新的攻击仍可能找到破绽。

06

诈骗电话：

TalkTalk

主席：格雷厄姆先生，3岁的孩子能构成什么威胁？

克里斯托弗·格雷厄姆（信息专员）：即便是3岁孩子，也不能掉以轻心。

——2016年1月27日，
有关网络安全的特别委员会上的口头记录

20世纪90年代的英国，提供互联网服务是一股新的"淘金热"，消费者和企业均发现了这块充满奇迹的未开垦之地。拨号连接是当时唯一的联网方式，消费者每月需要支付联网费用，并按分钟计费。而英国电信控制了90%的电话线，他们会从拨号连接费用中扣取一定的份额。

众多互联网服务供应商接连涌现，都试图从投资设备中谋取巨额利润，并从服务器和宽带连接费用中抽成。考虑到成本，他们必须最大限度地使用设备。也就是说，吸引的客户越多，签约的时间越长，他们的利润就越高。

然而，由于市场竞争、投资成本以及英国电信的严格定价，想谋取利润并不容易。资金充裕的互联网服务供应商 Freeserve 成立于 1998 年，他们凭借来自迪克森零售电商的资金，摒弃了一贯的每月付费规则，提供便宜的本地拨号号码，成功撼动了市场，而公司的利润则来自用户的电话费。这也启动了英国的互联网革命，1999—2000 年，英国连接上网络的家庭比例几乎翻了一番，从 13% 增至 25%。到 1999 年 7 月，Freeserve 拥有了 130 万用户，公司顺利上市，市值达 14 亿英镑。到 2000 年 9 月，该公司拥有了 200 万用户，超过了英国电信以及拥有 150 万用户的美国在线。但截至 2000 年 8 月底，该公司收入仅为 1460 万英镑，亏损了 1780 万英镑。其中一个重要的转变是，行业盈利点转移到了宽带上。

2000 年，出现了宽带接入服务，2007 年，半数的英国家庭安装了宽带。在此期间，为了提高效率，众多以消费者为中心的互联网服务供应商经历了一轮激烈的竞争，有的直接被大型公司收购。每个月收取的费用成了区别供应商的一个重要因素，因为流量是最容易被替代的，而网速则受到硬件的限制。

在这场竞争中，最大的赢家是 TalkTalk。它成立于 2003 年，前身是一个叫 Opal 电信的小型宽带供应商。TalkTalk 是大型手机零售商 Carphone Warehouse 的子公司，在移动电话业务爆炸式增长的浪潮中活了下来。

2006 年 10 月，在提供宽带服务的 6 个月后，TalkTalk 做出了一项重大的举措，以 3.7 亿英镑收购美国在线在英国的互联网服务供应商业务，该业务共有 210 万名用户，其中有 60 万名拨号用户和 150 万名宽带用户。

而在这一举措后，想要实现盈利，TalkTalk 公司必须从每位消费者身上赚取 176 英镑。据公司预计，他们能在 5 年内回本，并且能从每位用户身上每年额外赚取 35 英镑。

2006 年年底，共有 5 家公司掌控着互联网服务供应商市场。英国电信占据了 24% 的市场，维珍宽带公司（20 世纪 90 年代英国有线电视公司的最终买家）占据了 26% 的市场，TalkTalk 占据了 17% 的市场，意大利综合门户网站 Tiscali 占据了 10% 的市场，法国电信运营商 Orange（在 2001 年 1 月收购了英国互联网提供商 Freeserve）拥有 8% 的市场。剩下 15% 的份额属于 200 个小型互联网服务供应商，其中一些小公司的年营业额不足 100 万英镑，只有数千名客户。而在这些小型互联网服务供应商中规模最大、增长速度最快的是英国天空广播公司（Sky），它于 2005 年以 2.11 亿英镑收购了英国电信公司 Easynet，拥有 30 万客户。

减速与协同工作

2007 年开始，互联网用户的增长速度突然放缓，年增长率从 10 年前的两位数降至个位数，并且下降趋势依旧在继续。2009 年 5 月，TalkTalk 以 2.36 亿英镑的价格收购了 Tiscali。到年底，曾经的五大巨头只剩下了四个，总共占据 85% 的市场份额。

到 2010 年，TalkTalk 成为英国的第二大互联网服务供应商，它拥有 415 万宽带用户（占据市场份额的 23%），另外有 110 万拨号用户以及 16 万小企业用户。TalkTalk 成功上市了，这能给其母公司带来可观的回报。2009—2010 年上半年，该公司创造了 7.89 亿英镑的收入，每名客户约贡献 138 英镑。宽带用户花费最多，这 415 万名宽带用户创造了公司大约 75% 的收入。

尽管 TalkTalk 发展迅猛，但它依旧面临着很多问题。2010 年 2 月，TalkTalk 在与 Carphone Warehouse 解除合并关系后，收购了 Tiscali，并提出以下动向——TalkTalk 正计划创造"收购协同效应"（一种消除公司内部冗余的方式，通过合并，减少公司内部重复的工作），且服务供应商 Opal 仍作为一个独立品牌存在。此外，TalkTalk 还在其发布会上声明，TalkTalk、美国在线和 Tiscali 正式合并为一家公司。

经过多次的合并收购，公司内部很容易出现冗余问题。在被 TalkTalk 收购之前，Tiscali 收购的另外两个服务供应商 Pipex 和 Nildram 就出现过这类问题。尽管几家公司的流量可以互相转换，用户的登录信息（尤其是邮箱地址和网络空间）却不能转换。很多老牌互联网服务供应商提供了多个免费的邮箱域名，以使用户快速熟悉并投入使用。他们还提供子域的免费网页寄存服务，每个人都可以建立自己的网站。

从战略上说，提供邮箱和网页寄存服务能够增强用户黏度。比如用户和 Freeserve 签了约，他的邮箱地址就会以"@freeserve.co.uk"结尾。如果换了一个服务供应商，也许他们更便宜或是提供的服务更好，但用户就无法找回原有的邮件内容。同样，服务供应商被收购之后，由于品牌合并的原因，原有的邮箱就被弃用了。收购方为了安抚客户，帮助他们将旧的邮件内容转移至新的邮箱。

对 TalkTalk 来说，要整合 Tiscali、Pipex 和 Nildram 的数据库并非易事。在合并和协调用户信息的过程中，很多用户抱怨收到了重复的账单、迟交的账单和并不存在的还款要求，客户满意度直线下降。这个问题一直持续到 2010 年。2011 年，《每日邮报》称 TalkTalk 的客户服务质量比英国税务局还要糟糕。后来，公司进行了一次耗资 1200 万英镑的重组，公司在财务报告中表示，重组的目的是"综合技术与 IT 的实力，整合后台的办公能力"。

2011年3月，公司在取消了宽带的前提下，还是向客户收取了宽带费，英国通信管理局命令TalkTalk向6.5万名客户支付总额为250万英镑（约每人38.5英镑）的赔偿金。2011年8月，英国通信管理局因TalkTalk在2010年1—11月的严重违规行为而对其罚款310万英镑。

即便如此，TalkTalk的业绩继续在提高。并购Tiscali虽然给很多人带来了麻烦，但结局却出人意料。

失去理智的外包

英国通信管理局总共收取了310万英镑的罚款。TalkTalk表示将关闭位于沃特福德的呼叫中心，据估计，此举每年可节省约1500万英镑的费用。TalkTalk和印度IT服务公司Wipro签订了合同，在加尔各答办事处理客户服务中心的工作。TalkTalk从2004年开始，将部分客户服务中心的工作外包给了Wipro，并在2002年建立了一个门户网站，可以查询客户的详细信息。合并Tiscali带来的问题也慢慢成了过去式，外包起到了一定的作用：客户服务电话的数量逐年下降，与年运营成本6亿英镑比起来，数据变化呈可观趋势。1年后，尽管收入下降了1600万英镑，利润却增长了900万英镑。公司在2012年11月发布的半年业绩报告中称，这源于更好的客户服务，客户服务中心接到的用户投诉电话比去年同期减少了19%。

外包看上去是取得效益的可行途径。如果公司雇用员工在客户服务中心工作，那么，不管他们是否在处理客户事务，都需要支付他们工资。外包则按照实际通话时长付费，约占总工作时长的85%，这也就节省了15%的时薪。如果能选择正确的外包国家，员工成本通常占运营费用的

60%~70%，甚至还要更低。菲律宾有大约 6000 万会说英语的人，他们的工资是美国或者英国同类工作工资的 20%~50%。印度和南非等偏远地区也很受雇用公司的欢迎。公司只需要租用互联网语音服务，不需要支付昂贵的海外费用，就能以低于英国或美国的价格获得同等的服务。

然而，这一方法也存在缺点。客户可能会感到沟通困难。廉价的设备降低了音频的质量，口音和词汇的差异也可能会带来一些理解上的问题。另一个明显的缺点在于安全层面。一个不在公司管辖范围内的外包公司能获取客户数据，公司将如何保证其安全性呢？

2013 年夏天，基思·奥尔德里奇接到了一通电话，对方声称自己是 TalkTalk 的客户服务代理人，说出了他的账号信息以及他一直遇到的一些问题。奥尔德里奇对此并不存疑，他的账号是新的，他只告诉过他的家庭成员。打电话的人告诉他，针对他遇到的问题，他们会给他一笔赔偿金，奥尔德里奇需要下载一个远程控制软件 TeamViewer，并让电话那边的人通过这个软件来控制他的电脑。然后他们得到了奥尔德里奇的信用卡详细信息，并从信用卡里取出了钱，他们保证会将取出的钱和赔偿金都存进奥尔德里奇的账户，但是那笔钱却一直没有到账。

发现自己被骗后，奥尔德里奇感到既愤怒又担忧，他联系了 TalkTalk 的总经理办公室，说出了自己的疑惑：如果只有少数员工能够访问 TalkTalk 的客户数据库，怎么会有其他人知道他的账号详细信息呢？

对了解过印度客服中心产业的人来说，这种骗局并不少见。2010 年，我开始接触一些受害者，他们都接过来自印度（主要通过口音来辨别）的电话。来电者坚称客户的电脑遭到了病毒感染，并会导致网络中断。

然而，这些电话只是单纯的骗局。来电者（在客服中心工作的骗子）会勤奋地翻阅电话簿跟其他数据库，声称他们是微软等互联网服务供应商的客服。他们会让你打开 Windows 的一个叫"事件查看器"的程序，来证明你的电脑"被病毒感染了"。对那些不懂的外行来说，屏幕上滚动的报告看起来像是出了一大堆问题。事实上，这不过是机器日常的工作内容，事件查看器中的警告并不重要。唬住了目标后，这些骗子会主动提出，如果能一次性付款，就能"解决"问题，或者他们会慷慨地提供免费服务，但是你要订阅他们的"支持"服务。"解决"问题需要通过 TeamViewer 进行远程控制，他们会在屏幕上移动几下鼠标，然后告诉你问题已经修复了。有时，他们会帮你安装软件，全新的（通常是盗版的）Windows 系统的价格也定得很高，这同样需要付费。他们还会安装恶意软件，以获取你的历史操作和账户信息。

成千上万的人被电话诈骗了。英国和美国相关部门联合起来打压、侦破这类电话骗局。很明显，这些骗局起源于加尔各答的客服中心，他们培训了大量会说英语的工作人员，教他们一定的技术知识和即兴发挥的说辞。然而根本问题在于找到骗局的主使者。

奥尔德里奇是 TalkTalk 电话骗局的第一例。可问题是，来电者是从何得到他的信息的？

2014 年秋天，更多的 TalkTalk 用户开始收到类似的来电，低质量的语音服务表明了骗子的总部在印度。他们声称自己是 TalkTalk 的员工，听到对方说出自己的 TalkTalk 账号以及相应的姓名、电话号码和地址时，即便是再多疑的客户，也大抵会放松警惕。其他的信息也许可以通过电话簿查到，但只有 TalkTalk 的系统能查到他们的用户账号。

越来越多的人掉入了电话诈骗的陷阱中。让目标用户下载能远程控制电脑的软件之后，来电者声称，用户的路由器或者电脑遭到了病毒侵入，屏幕上会显示红色警告的信号。来电者接着解释，TalkTalk 对于黑客攻击造成的不便表示十分抱歉，并打算支付 250 英镑（有时是 200 英镑）的赔偿金。用户会看到一个满是银行图标的页面，对方要求他们选择自己的账户所在行，然后输入银行发到用户手机的六位数验证码，以授权这笔交易。另一个版本的骗局是，用户会发现银行账号多了 5000 英镑，然后来电者会致歉，让他们把多出的部分打到不同的系统上。

任何骗局都只有一个目的——从客户的账户里取钱。

2014 年 11 月 10 日，TalkTalk 向英国信息专员办公室（Information Commissioner's Office，ICO）致函（这是法律规定的），声称客户服务中心的个人资料可能遭到泄露。该部门主要负责处理数据保护的相关问题，尤其是与公司持有的个人数据泄露有关的事项。信息专员办公室开始调查原因和影响范围。但直到 2015 年 2 月，TalkTalk 才给客户发了邮件，说明信息泄露的问题，一群骗子可能拥有了客户的个人数据。

为什么隔了 4 个月才向客户公示？正如首席执行官迪多·哈丁告诉国会议员的那样，他们没有通知客户的义务。即使几个月来，媒体一直在报道相关案例。

哈丁和 TalkTalk 的问题远没有结束。客服中心泄露的信息，只是该公司所将面临的危机的序章。

标记未知

由于在犯罪的时候还未满 18 岁，我们的下一个黑客需要使用化名，我们暂且叫他诶德。诶德住在诺里奇北郊的机场旁，他一直在研究如何黑进一些社交媒体，盗取一些售价较高的用户账号。"理想"的账号的用户名通常只有一个短单词，没有多余的后缀。较短的用户名表示你很早就加入了社交网络，或是有一定的影响力。对很多青少年来说，账号的等级和父母买的个性化的车牌一样珍贵，可以卖上个几百英镑，刚好能做零用钱。

但是诶德有更大的野心。他拥有 SQL 地图（一个免费且合法的程序，能够查询网站数据库的漏洞），尽管它的许可证规定了"只能在主人同意下使用"，但他还是开始了探险。他首先瞄准了曼彻斯特大学、剑桥大学和一家总部在北威尔士的公司"功勋徽章"（Merit Badges），在其中，他发现了合适的数据库。

仔细排查后，他发现 TalkTalk 严重忽略了这些网站的安全性。

TalkTalk 本该注意到这些危险的。黑客是项很高调的职业，2011 年，美国和英国执法部门一直在追查一个有组织的黑客犯罪团体鲁兹安全，他们曾侵入 FBI 的网站，并在几个月间一直占据着新闻头条。

TalkTalk 多年的并购跟成本削减，必然导致某些地方的安全问题被忽视了，而诶德则最擅长寻找漏洞。2015 年 6 月，他向一个漏洞悬赏网站报告了一个漏洞。9 月和 10 月，他还向另外 100 个网站报告了一些小的漏洞。

诶德还积极浏览黑客论坛以获取知识。在某个论坛上，他开始谈及自己的发现。前《华盛顿邮报》记者布赖恩·克雷布斯目前任职于 Krebs On Security 网站，他主要追踪黑客和网站被破坏的问题。他注意到：

来参加这些论坛的年轻孩子十分容易受到影响，他们想寻找一位导师，帮助他们入门。并且，他们很容易被他人利用和抛弃。等他们意识到自己参与的事件的性质之后，他们也被利用完了，曾经的朋友都消失不见。这是十分常见的情况。

理查德·德维尔是"反社会工程"公司的经营者，该公司与TalkTalk有一定的商业联系。理查德于2015年10月发现，TalkTalk长期提供域名为talktalk.net的免费网页寄存服务（是早期为吸引客户的遗留服务），而一些类似"fraudsupport.talktalk.net"的子域，很容易骗过大多数人的眼睛，让他们以为这是TalkTalk的官网。TalkTalk没有理会理查德的投诉。一气之下，他在10月9日写了一篇博文，展示了伪造的页面，并声称这绝对可以骗到一部分人。他还说自己已经查到了近1500个类似的子域，并表示"这些网站需要被叫停"。

当时，诶德通过谷歌找到了TalkTalk的这些漏洞。可理查德不确定诶德是否阅读过他的那篇博文，他觉得时间点十分巧合。

2015年10月15—21日，原本属于Tiscali的三个网站遭到了黑客的攻击。黑客通过SQL注入侵入了数据库，里面有客户的详细信息，包括姓名、地址、出生日期、电话号码、电子邮箱和财务信息等，也包括银行账户的详细信息。

10月21日上午，TalkTalk的网络系统在一场持续的DDOS攻击下陷入了崩溃。不巧的是，公司计算机安全小组的组长正在土耳其度假。那天下午，哈丁与董事会进行了一次电话会议，同时将公司的系统关闭了，"我的个人邮件里收到了赎金的要求，黑客要求我们支付465比特币，在当时约折合126550美元，否则他们就开始散播用户数据"。Pastebin网站上也出现了相关推送。起初，Pastebin网站是程序员用来交换代码的平台，但多年来，该网站已经成为黑客发布数据、炫耀行径、威胁他人的首选渠道。

Pastebin网站上推送的内容提及了TalkTalk的客户信息样本，里面还有一个令人担忧的信息，"我们使用了洋葱路由器进行匿名通信，你们无法追踪加密的信息、私钥电子邮件和被黑的服务器。我们将教育我们的孩子为真主使用网络，你们的手将沾满鲜血，审判日即将来临"。

随后，哈丁发布了正式的内部回应，称本次事件为一次重大的事故。TalkTalk从未进行过网络攻击的模拟演练，但它有一个应对延长停机时间的计划。在接下来的18小时内，团队试图评估黑客的水平，并知晓他们可能修改了系统日志，以隐藏他们在网络中的分布位置。到10月22日早上，TalkTalk意识到可能有很多客户数据被盗了，但还需要花一定时间才能知道具体的信息和数量。哈丁让每个员工都保持警觉，尽可能地保护客户信息。

当天下午，警方建议哈丁暂停运营，哈丁拒绝了。2016年10月，共享用车软件"优步"在被黑客盗取了5700万客户数据并索要赎金时，支付了10万美元。这则消息于1年后传出，优步被多家企业起诉，同时也无从得知黑客是否遵守了承诺。

当天下午晚些时候，TalkTalk宣布，公司正遭受一场严重且持续的网络攻击，客户的姓名、地址、出生日期、邮箱、电话号码、TalkTalk账户信息、信贷和银行信息等均可能被泄露。

哈丁面临着来自媒体的巨大压力，她不知道这次侵入事件是如何发生的、又有多少人受到了多大程度的影响，她也不确定被盗的数据是否经过了加密。人们对此表示惊讶，但经过多次并购，这家公司拥有着庞大的残留信息，的确很难对所有信息都进行加密。后经查明，所有的数据都未经加密，但是信用卡的信息被"标记化"了，隐藏了账号的中间6位数，黑客无法实施诈骗。

周五早上，前伦敦大都会警察局的网络犯罪专家阿德里安·卡利在BBC4频道的《今日议程》节目中表示，"这不仅仅是一场黑客侵入，它似乎与伊斯兰的网络恐怖主义有关。TalkTalk 拥有近百万用户，它同时是一个国家的核心基础设施，这关乎国家的安全问题"。

国家安全！将 TalkTalk 上升到和电力、水力供应商同等的位置似乎有些过分夸大了，德蒙特福特大学网络安全中心客座教授彼得·索默如此认为。在卡利之后，他也出现在节目中，表示一个疑似恐怖分子的声明没有实际意义，黑客更有可能只是为了敲诈公司、获取客户银行账号。BBC 的安全通讯员也表示，官方消息认为，这只是一次普通的网络犯罪。国家通信部门可以查出信息来源，并对幕后黑手有一个十分准确的定位。

11 月，诶德在漏洞悬赏网站上的帖子突然被删了，他没有因此而失去兴趣。11 月 4 日，TalkTalk 仍旧对黑客进行着调查，诶德在诺维奇被警方逮捕，随后被保释。另有 3 人在同一天被捕，警方对此进行了指控。来自南威尔士小镇的 19 岁的丹尼尔·凯利，被指控滥用电脑、敲诈、诈骗和洗钱。来自斯塔福德郡塔姆沃思的马修·汉利和康纳·奥尔索普，当时分别是 22 岁和 20 岁，也被控滥用电脑和欺诈。尽管他们清除或者加密了自己的电脑，但警方还是通过聊天日志和社交媒体的信息，发现了他们曾试图出售盗取的账户数据。

同时，有人报案称自己的信用卡被盗刷了，一名妇女告诉《每日镜报》，她的卡有一笔 600 英镑的消费记录。无法确定她的信息是在 TalkTalk 黑客侵入中被窃的，还是在别的什么地方，但这也证明了人们对于这一起黑客事件的不安。

4% 的决心

哈丁负责此次黑客事件的调查。据估计，一个两班制全天候的事故小组只需几天就能将一切恢复原状。可事实上，他们却花了 14 天的时间，用于获取信息的在线系统离线了整整 3 个礼拜。

那时，TalkTalk 预估失去了 400 万潜在用户，其中"仅有"156959 名客户（占客户基数的 4%）信息被泄露。其中，15656 个银行账户和识别代码被盗，且都是英国账户的相关数据。

这个异常精准的数字指向了黑客的起源，它可能来自之前的 Tiscali。TalkTalk 没有在声明中披露这一点，因为这可能影响警方的调查。

"罪犯成功地在干草堆中找到了一根针。"哈丁这样告诉国会议员。

这其实没有人们想象的那么难。黑户找到了一台以前用来做营销活动的服务器，并收集了客户数据。营销活动结束之后，技术人员移除了 DNS（域名服务器）的入口。

DNS 服务器相当于互联网的电话簿，它是一种系统，能将 google.com 这类可读的域名转换成电脑可识别的 IP 地址，这能帮助电脑准确发送数据包到指定的位置。

每当我们多添加一个服务器进入互联网，该服务器就对应生成了一个 IP 地址。但是，如果它没有 DNS 服务器，就没有可读的域名。DNS 系统能让网页可懂，不然的话，我们浏览网页时就需要记住很多 12 位的 IP 数字，这就好比你要记住你的所有联系人的号码一样。没有 DNS，我们只能依赖书签跟超文本上网，因为那些网站没有名字，只有一串 IP 数字。

通常，移除服务器的 DNS 就足以加密这个服务器。但是，在本次事件中，却并不是这样的，服务器中的数据十分有价值。德维尔在讨论子域 talktalk.net 的时候，他以为 TalkTalk 已经移除了 DNS 入口。然而，他们并没有彻底关闭页面。

　　诶德并没有发现这个漏洞。据报道，11 月 5 日，一群黑客在 Skype 上通话，其中一人泄露了进入 TalkTalk 数据库的方法。一名黑客告诉记者，"至少有 25 个人知道如何侵入数据库"。

　　这位接受采访的黑客表示，"这不过是几个朋友聚在一起嘲笑一家安保不健全的公司而已，我们只是在开玩笑"。

　　但是这个玩笑却让他们都被逮捕了。

　　尽管发生了这么多事情，哈丁还是在黑客事件发生的 1 个月后，发布了一份乐观的报告。该报告表示，"客户的任何敏感个人信息都无法被窃取"。

　　但这无法杜绝信息盗窃的问题。只要有名字和邮箱，或者名字和家庭住址，黑户就能了解这个人的家庭与工作信息，而社交媒体账号往往能暴露更多的个人信息。一旦掌握了这些信息，骗子就能轻而易举地做很多事情，比如伪装成 TalkTalk 的工作人员向受害者准确地报出银行信息和其他信息。

　　哈丁说，TalkTalk 估计了这次网络攻击的损失，约为 3000 万 ~3500 万英镑，损失主要包括调查事件、修复网络、销售页面消失后可能损失的机会成本、免费升级和免费信贷监控的成本以及客户对公司的安全系数失望之后可能造成的损失。

　　12 月 15 日，哈丁向下议院的相关委员会提交了一份书面文件。文件上提出了一个问题：谁对公司的安全问题负责？哈丁回答是她自己。网络安全是董事会级别的问题，对于一家电信公司，安全就是一切，"这就是为什么我自己需要为网络安全负责"。但事实上，董事会里没有人具体负责网络安全，技术团队也没有人直接向董事会报告。最终，哈丁还是受到了董事会的压力，通过普华永道咨询公司招聘了公司的首位首席信息安全官。

"谁对公司内部的安全负责？"主席杰西·诺曼问道。哈丁再次重申，客户数据安全问题是团队每个人的责任，"在一家电信公司里，安全问题不可能只跟安全主任有关。这是一起刑事犯罪，所以他们都不需为此负责。问题在于，公司需要负责吗？"

这听起来有些自以为是，公司当然需要为漏洞而负责。克雷布斯常和公司谈论安全的重要性，他表示，黑客可以从互联网中获取网络侵入的相关专业知识，加上公司树大招风，这会给公司带来不可估量的威胁。他说：

大多数成长中的公司，很容易在网页中暴露出许多问题，尤其是当他们并购了另一家公司和 IT 服务团队时，这种情况就更为普遍了。公司将合并运作，但是他们却很少会检查现有的漏洞。这些前公司的遗留系统只是单纯地并入了更大的网络系统，而没有被检查和维护。

低估了风险

信息专员克里斯托夫·格雷厄姆表示，他曾看过一个 YouTube 视频，一位网络安全专家向他 3 岁的孩子演示如何使用 SQL 注入技术侵入一个网站。委员会主席杰西·诺曼问道，3 岁的小孩能构成什么威胁？

"不能忽视一个 3 岁小孩可能带来的威胁。"格雷厄姆回答。英国资讯委员会小组组长西蒙·莱斯表示，"很多自动化的工具，3 岁孩子也完全可以掌握"。软件被运行之后，就能自动检索网站、寻找漏洞。

英国资讯委员会随后在 2016 年 10 月发布了报告，表示 TalkTalk 的信息泄露是因为内部的不用心，"SQL 攻击能准确探测到漏洞，然后提取出想要的数据"。没有人做过防范 SQL 攻击的准备工作，而一些存在漏洞的页面还用着过时的软件库，且系统的 MySQL 数据库也过时了，所以攻击者才能绕过访问限制，实际上这些漏洞在 2012 年就可以免费修复。而这些被攻击的网页漏洞的存在时间可以追溯到 2009 年 5 月，在 TalkTalk 收购 Tiscali 之前。

英国资讯委员会以安全缺陷为由对 TalkTalk 处以 40 万英镑的罚款，指责他们允许黑客"轻松地"访问客户数据。这也是英国资讯委员会有史以来最大的一笔罚款。根据银行的信息显示，每位受影响的客户的损失约为 2.54~25.5 英镑。

英国资讯委员会向公众解释说，他们有一个罚款的制度，不仅检查违规行为的规模和内容，还包括公司是否允许违规行为。简而言之，这不仅是数据泄露的问题，还关乎公司自身存在的安全漏洞。埃德后来告诉地方法官，他不过是和朋友"炫耀"这些漏洞多么脆弱。

英国资讯委员会的罚款和 2011 年通信管理局（Ofcom）对 TalkTalk 诈骗电话事件的罚款形成了鲜明对比。直到 2018 年，英国资讯委员会的罚款限额最高为 50 万英镑，这是议会设定的数字。

客户数据一旦被窃，就无法挽回，这种损失是永久性的。这似乎也传达了一个信息，糟糕的客户服务会导致严重的罚款，而泄露个人数据的罚款则少得多。英国资讯委员会的克里斯托夫·格雷厄姆表示，对于规范公司的网络安全来说，基于营业额的罚款似乎更加合理。同时，他也表示，对于 TalkTalk 这样的公司，黑客攻击对公司声誉造成的损害比经济上的损失更为严重。

然而，这还预示了一些别的现象。2015 年 11 月 11 日，查清攻击的范围之后，哈丁给出了四张图，第一张图表明在宣布黑客侵入的 4 天后，也就是 10 月 27 日，取消直接扣款服务的人数达到了峰值，之后恢复到了正常水平。第二张图表明，客户主动提出的中止服务请求也在同一天达到正常水平。"忠诚度"表明了客户是否能坚持使用 TalkTalk，第三张图则为这一指标在黑客声明公示的第二天大幅下降，随后恢复到了正常水平。第四张图则是民意调查，调查的内容是人们是否认可 TalkTalk 在处理黑客问题中诚实的态度。数据表明，从 10 月 30 日到 11 月 6 日，公司的支持率从 48% 上升到了 54%。"大多数客户认为我们做的事是对的。"哈丁的报告传达了这一信息。

第二年，公司公布了财务数据，并自豪地宣布客户流失率仅为 1.3%，而黑客侵入事件时的流失率达到 2.1%，为历史最高水平。

人们或许通过这次事件重拾了对 TalkTalk 的信心；又或许那些早就想离开的人选择了离开，留下了对服务较满意、不太可能离开的人。TalkTalk 估计，在流失的客户中，有 0.6% 的人因这一漏洞而离开，约为 9.5 万名客户，大约占受到黑客事件影响的人的 2/3。

另外，TalkTalk 利用"四合一"（宽带、电话、电视和手机）提案吸引了很多客户，有 1/5～1/3 的用户不仅使用了 TalkTalk 的宽带业务，还使用了至少两种更为复杂的服务。

审判与惩罚

2016 年 11 月，埃德承认了与 TalkTalk 遭遇的黑客攻击事件有关的 7 项黑客犯罪，他的手机、笔记本电脑、硬盘和 USB 都被没收了。他的辩护律师克里斯·布朗请求缓刑，声称这名少年"创造了很多线上身份，仅仅是想要证明他作为黑客的实力。他只是在玩游戏，游戏的乐趣在于竞技，而不是毁坏了多少网站、造成了多少损失"。

埃德承认了自己的行为是违法的，"当时我没有考虑后果"。2016年12月，他收到了长达12个月的社会服务令。

2017年4月，在伦敦老贝利中央刑事法院，汉利和奥尔索普承认了与2015年10月黑客袭击有关的指控。汉利还向"另一个人"（未公开）提供了数据。凯利也承认了滥用电脑、敲诈和欺诈的指控，他犯下这些罪行时，还处于一次DDOS攻击的保释期。

TalkTalk最终宣布网络攻击的总损失为4200万英镑，但他们并没有公布客服中心泄露数据所造成的损失。

收集电话

2016年1月，印度警方逮捕了3名威普罗公司的雇员，并指控他们偷窃了TalkTalk的客户数据，并用于诈骗。TalkTalk在随后的媒体声明中表示，"我们很开心看到调查有了收获，我们也开始重新审视与威普罗公司的合作关系"。

但TalkTalk尚未完全脱离黑客攻击的阴影。2016年2月，BBC的《钱箱》（*Moneybox*）节目采访了两名电话工程师，他们表示，接下来的几天会有声称自己是英国电信Openreach（负责维护基础设施的公司）或是TalkTalk的人给他们打电话。不出所料，电话来了，来电者报出了两位工程师的账户号码、家庭地址，甚至准确的名字。

这两位工程师称这个电话就是TalkTalk泄露客户数据的证明，并以此向TalkTalk索求补偿。TalkTalk拒绝了他们的要求，并坚称没有泄露客户数据，还暗示这是工程师合作的第三方公司造成的。TalkTalk 的回复似乎不尽如人意，尽管严格意义上说，这并不是 TalkTalk 内部员工实施的骗局。但这也不是客户的过错，他们已努力核实来电者的身份，而 TalkTalk 确实没有尽职地调查外包公司。TalkTalk 的确有给客户一些赔偿，但是由于损失过于庞大，TalkTalk 不愿承担全部责任。

2016 年夏天，TalkTalk 决定中止与威普罗公司的合作，并收回了印度的客服外包服务，选择与菲律宾、南非和英国等客服外包服务商合作，但具体措施要到 2017 年夏天才能落实。

在具体措施尚未落实前，问题并没有消失。2017 年 3 月，《卫报》报道了简·哈顿的案例，她是 TalkTalk 的客户，曾于 1 月收到了一台新的路由器，两周后，一位印度口音的人给她打了电话，来电者知道她的合同升级细节、路由器序列号和密码。来电者尝试了诈骗，但失败了，因为哈顿的银行阻止了付款。作为报复，对方锁定了她的电脑，并要求支付赎金，最终哈顿选择断开电脑的网络连接并将其格式化。还有很多这样的案例，均表明 TalkTalk 的数据泄露情况并没有停止。

2016 年 1 月格雷厄姆向国会议员表示，英国资讯委员会仍在调查 2014 年的事件。"这一切何时结束？"主席杰西·诺曼问道。格雷厄姆拒绝给出确切的答案，他表示，事件的跨国性质给调查带来了诸多阻碍，他手下的 30 余名调查人员同时处理着 25~30 起案件。

2017 年 8 月，发出警告的 3 年后，英国资讯委员会公布了 2014 年 9 月数据泄露事件的调查报告，并对 TalkTalk 以"没有保护好客户数据，导致数据落入骗子之手"为由，处以 10 万英镑的罚款。值得一提的是，调查显示有 3 个威普罗公司的账号访问了多达 21000 名客户的数据，而有 40 名威普罗公司的员工可以查看 25000~50000 名客户的数据。这些员工可以通过任何设备登录门户网站，并不需要威普罗公司的授权，即可访问那些信息。一旦进入了系统，员工能够搜索通配符，例如输入"A*"，就能导出所有姓氏以 A 开头的客户的信息，一次性可以查看 500 条记录。

"TalkTalk 本有足够的时间去采取合适的措施，但是他们没有做。"英国资讯委员会在罚款声明中写道，"TalkTalk 门户网站在 2002 年就开始启用，而这个漏洞可能也存在了这么长的时间。"

令人难以置信的是，英国资讯委员会表示他们无法找到直接的证据，证明受害者的损失与诈骗电话之间存在联系。这也暗示了数据泄露与诈骗同时出现可能纯属偶然，但根据人们的经验来看，这是不太可能的。这更像是英国资讯委员会的一个让步，如果有受害者起诉 TalkTalk，他们将不会出庭作证。TalkTalk 坚持认为，他们对受害者没有责任，因为受害者是自愿向未经公司授权的人付款的。

对受害者来说，英国资讯委员会的让步和没有诚意的罚款令人失望。同时，面对那些无动于衷的准自治非政府组织，受害者感到无力且恐惧，因为这些组织本该保护客户的利益，如今却不断回避。我和一名受害者谈过，他对英国资讯委员会谨慎地回避法律责任的行为感到愤怒，但是该受害者拒绝透露自己的姓名。他担心自己的话可能会被英国资讯委员会用于对付那些试图组织集体诉讼的人，因为他们无法确定客户的数据确实是 TalkTalk 泄露的。这也揭露了这场黑客游戏的规则，并提醒所有的黑客和受害者：尽管黑客和受害者都输掉了游戏，但被黑的公司却还能继续远航。

- 收购一家公司时，你需要接纳它所有的问题和缺点。

- 被忽视多年的残留系统会成为一个隐患，公司在收购与被收购过程中不一定会提高原有系统的安全系数。

- 如果需要外包一些服务，例如客户服务中心，你需要谨慎考虑这是否会对公司的数据安全造成潜在威胁。外包公司或许会窃取你最具价值的客户数据。

- 自 2018 年起，对于姑息数据泄露行为的公司，欧洲加大了惩罚力度，罚款金额高至 2000 万瑞士法郎，或者按公司全球营业额的 4% 进行罚款。这与之前的情况形成了鲜明的对比，以前的罚款和其产生的损失相比，不过是九牛一毛。

- 即便存在数据泄露的问题，用户的使用惯性依旧很大。

- 对于可能出现的大型数据泄露事件，应提前做好准备。

- 负责网络安全的人需向董事会级别的人汇报工作。

- 不要支付赎金。你没有办法保证数据不会进一步泄露，也无法保证你拿到的数据是原始数据。

- 不要高估你的系统的安全系数，也不要忽略年轻的参与者。年轻人有足够的时间和好奇心去观察事情的走向。

07

僵尸网络事件：

Mirai 病毒

> 我认为没有足够的事实证据可以指证我。
>
> ——安全研究员布赖恩·克雷布斯询问帕拉斯·杰哈，
> 是否编写并操作了 Mirai 僵尸网络事件，他回答道。

2016 年 10 月 21 日，星期五，美国东海岸的大多数人的互联网出现了故障。那些 7 点钟起床的人们发现自己无法登录推特、无法登录亚马逊，奈飞也无法播放任何节目。这是一次有预谋的网络攻击吗？不过奇怪的是，其他的网站还能正常运行。是有人拔出了某些地方的网络接口吗？

几个小时之后，一切恢复了正常。对大多数人来说，生活一如既往地进行着。然而，东海岸下午 1 点左右，迪恩公司（Dyn）的技术人员正在努力调查这一现象的原因，并得出了最终结论：这是一场针对他们服务器的数据海啸，也就是我们所知道的 DDOS（分布式拒绝服务）攻击。他们成功躲开了攻击但当天晚上又发生了一次攻击，他们也设法躲过了。

第一次数据海啸的规模空前宏大。迪恩公司估计，世界各地约 10 万台设备遭到了攻击，它们产生的流量高达每秒 1.2 太比特。1 太比特等于 1000 千兆比特，或者 100 万兆比特。一般的本地连接每秒流量约为 10 兆比特，而这次攻击使用的带宽足够支撑一个城镇的网络。如果一个网站是一栋房子，那么 DDOS 攻击就相当于数百万户人家的门被锁住了。人们无法离开房子，因为出口遭到了封锁，也没有人能发送或交付任何东西。这就是迪恩公司的服务器那天所遭遇的经历。

迪恩公司在东海岸运行了 DNS（域名系统）服务器，因为这场数据海啸，人们无法加载网站。DNS 是一种查找服务，如果你在浏览器窗口输入 netflix.com，你的电脑会向 DNS 服务器发送询问，查找最佳互联网协议（IP）地址，并向那个地址发送数据包。这类似于电话簿，但是大多数人不再使用电话簿，而 DNS 却是必不可少的。

DDOS 攻击使服务器陷入瘫痪，导致使用迪恩公司 DNS 上网的用户都无法正常登录，IP 地址无法响应，系统遭到冻结。这是一次十分特殊的攻击。2017 年第一季度，Verisign 公司报告表明，DDOS 攻击的平均带宽为 14.1Gbps，只有 10% 的系统能够坚持超过半个小时的攻击。而迪恩公司遭受的攻击规模是一般 DDOS 攻击的 85 倍，并且多次攻击，持续时间长达数小时。

攻击事件发生的数天后，许多团体声称遭到了攻击，还有一些团体站出来发声。维基解密认为这一事件的支持者暗藏的目标是摧毁整个美国网络系统；杰斯特（美国前军事黑客）认为这是俄罗斯政府所为；一个自称"新世界黑客"的组织（他们之前破坏过一些俄罗斯网站）表示，他们是这起事件的始作俑者，称"他们使用了自己特殊编码的超级计算机僵尸网络来完成这起犯罪"。

攻击事件发生 5 天后，各方都在试图寻找黑客的源头，迪恩公司表示这跟之前的 DDOS 攻击都不同。以前的攻击多来自个人电脑僵尸网络，数千台被恶意软件支配的 Windows 个人电脑集合在一起，无形的控制器悄然使用这些电脑去攻击网站，这些电脑的主人对此并不知情。

DDOS 也是一种僵尸网络，但很多人认为，驱动它的设备不能算作电脑。它们可以是数字录像机、路由器以及闭路电视摄像机，是这些具有计算能力和联网功能的设备，但无法直接对其进行编程。这个巨大的僵尸网络有一个名字——Mirai。

这个名字对布莱恩·克雷布斯来说并不陌生，他以前就听说过 Mirai，它的创造者也利用它掩盖了自己的足迹。

叫我博主

大多数人认为，克雷布斯只是一个写黑客和网络安全问题的博主。这低估了他对犯罪分子的威慑力，以及犯罪分子对他的威胁。

尽管这是一段漫长的苦旅，但他已经习惯了。2001 年，克雷布斯是《华盛顿邮报》下属的科技新闻网"新闻字节"（Newsbytes）版块的撰稿人。当时，他正遭受网络蠕虫攻击，无法接入家庭网络。这激起了他对黑客的兴趣，并越陷越深。第二年，他成为该网站的全职作者，撰写了数百篇文章，并在他的安全修复博客中撰写了上千篇文章。2009 年，他自立门户，成为一名独立的记者和研究员。写黑客的文章并不赚钱，这是个十分冷门的领域。在他之前，网络安全基本是安全顾问的工作，他们在一些简单明了、修复成本巨大的漏洞上大做文章。克雷布斯则像记者一样研究问题，再以网络研究员的角度写下发生的一切。现在，他既是一名演讲者，又是一名安全顾问，广告商也开始光顾他的"克雷布斯谈安全"网站。"我想要写别的地方看不到的故事，并培养忠实的读者，"他说，"如果你做得足够好，就会有广告商来找你。"甚至包括银行在内的企业也会找他寻求帮助，以确定泄露的数据和黑客的来源。

但是克雷布斯的调查内容却不受商业黑客的欢迎。商业黑客往往会侵入网站，强行下线系统，收集信用卡和其他线上个人信息进行贩卖，并用这些受感染的电脑建立起一个庞大的僵尸网络。克雷布斯自学了俄语，这是商业黑客的常用语言，他们多用俄语详述自己的功绩。克雷布斯透露，很多公司在上市前就被黑了，并列举了几个他确定的公司名字。有时，这些消息的来源是其他的黑客。

因此，他常遭到被他曝光的黑客的骚扰。其中一人给警察打电话，说克雷布斯的住址发生了一起枪杀案，这惊动了 SWAT（特殊式武器装备与策略）小组。另一个人给他寄了海洛因，克雷布斯看了黑客论坛，发现了对方发布了海洛因的邮包单号，寄件人想要克雷布斯被捕，借以威慑其他人，这次惊动了警方与 FBI。而克雷布斯自己的网站也多次遭受 DDOS 攻击。

但是，2016 年 9 月 20 日，袭击他网站的 DDOS 攻击不同往常。攻击流量始终保持在 280 Gbps，峰值在 620 Gbps，这个数值非常高。我们也不难得知他为什么会成为目标，前一天，克雷布斯在网站中详细介绍了两名以色列黑客的身份，称他们是一项名为 vDOS 的 DDOS 租借服务的幕后策划。2006 年春，克雷布斯表示，vDOS 已经有"超过 2.77 亿秒的攻击时长"。过去 2 年内，他们获得的利润达 618000 美元。

但是 vDOS 已经下线了，攻击克雷布斯的黑客是从哪儿来的呢？这必定来自一个完全不同的 DDOS 租赁公司。是哪一个呢？

答案就是 Mirai。它的僵尸装置遍布世界各地，Imperva 的一项分析发现，有 164 个国家出现了感染 Mirai 的装置，其中最多的设备来自越南和巴西，这构成了攻击使用的 IP 的 1/4。

物联网变得很糟糕。

更糟糕的是，人们对此的态度助长了问题的事态，F-Secure 计算机及网络安全供应商的首席研究官米科·海坡能向我解释道：

上个月，Mirai 出现的时候，我们找到了一些线索，我们当时就打了电话。"你好，先生，我是芬兰 F-Secure 安全公司的米科·海坡能。我们的分析显示，你家里有一个热泵，对吗？""对的。"对方说。"它联网了吗？""是的。""你的设备是 10 万僵尸设备之一，它已经造成了互联网 DNS 服务器的瘫痪。"

人们不知道自己的热泵或者摄像机也可以摧毁互联网。"他们会说，'我的热泵工作得好好的，那只是个热泵啊'。"海坡能回想道，"我就会问，'那你们会采取点行动吗？'他们会回答，'不，为什么要采取行动，它工作得很好'。"

面对这样的回答，即使是网络奇才也同样无计可施。

为了解释 Mirai 的构成，人们需要研究之前的僵尸网络——Qbot。了解了 Mirai 的前身 Qbot，我们便能更好地了解病毒 Bagle、MyDoom、NetSky、Srizbi 和 Storm 的情况。

僵尸网络之战

2003 年，黑客意识到，向网站发起 DDOS 攻击有利可图。于是他们首先选择一个依赖时间的网站，例如线上赌博网站和高峰期的购物网站，只需威胁他们能够强制下线网站，就可以得到一笔赎金。一起简单的敲诈就这么完成了。

固定服务器发送的垃圾邮件很容易被识别和屏蔽，但如果拥有成千上万的被感染的僵尸电脑，就不会出现这个问题。因此，使用僵尸网络散播垃圾邮件也是有利可图的。

Windows XP 系统没有装配防火墙，并且没有内置杀毒软件，黑客利用这些固有的缺陷，试图创建起越来越大的僵尸网络。黑客诱导人们安装暗藏恶意软件的"特洛伊"程序，或者利用 IE 浏览器、Flash 播放器和 Windows 的漏洞使其电脑悄无声息地安装恶意软件。微软在 2002 年 1 月发起了一个叫"可靠计算"（Trustworthy Computing）的计划，他们意识到了 Windows 系统和其他微软产品的安全问题，于是重新改写了程序，不仅增加了功能，还增强了现有代码的安全性。但是要想全面改善安全问题，还需要数年时间。

截至 2004 年年初，两种病毒 MyDoom 和 Bagle 已感染了上千台电脑。一种名为 NetSky 的病毒能抹除前两种病毒，但 MyDoom 和 Bagle 最终占了上风。MyDoom 发展势头之猛，以至于 7 月 26 日直接关停了谷歌的搜索引擎。有商业头脑的黑客也意识到，僵尸网络的规模越大越好。

2007 年，事情出现了转折，一个叫 Srizbi 的网络蠕虫出现了，它不仅能感染电脑，还能删除 Storm 僵尸网络安装的恶意软件。至此，病毒编写者不仅需要防范杀毒公司，还需要防范现有的和尚未出现的病毒。一场席卷无数个人电脑的战役激烈而无声地打响了。受害者可能会想，为什么他们的电脑运行得这么慢，比平时更容易死机，而且开机时间也变长了。但数据显示，很少有用户注意到自己电脑的异样。2009 年，加州大学的一个研究小组研究了一种名为"Torpig"的恶意软件创建的僵尸网络，发现它控制了 18 万多台个人电脑，并且在 10 天内又增加了49000 台。

消灭僵尸网络需要从源头抓起，找到指示其他电脑的命令控制（C&C）服务器，将这台服务器关停，才能解决根本问题。

命令控制服务器通常是用偷来的信用卡信息和假名注册的，但是服务器的主机会收到来自微软之类的大公司的投诉，这些公司追踪僵尸网络，将命令控制服务器强行离线。

但是在 2008 年，黑客开发出了名为"domain flux"的命令控制技术，使识别命令控制服务器变得更加困难。该程序包含一种算法，能每天自动改变网址，躲过搜寻命令控制服务器的人们。作为回应，僵尸网络"杀手"在装有前置时钟的虚拟机器上安装了恶意软件，试图预测命令控制服务器的下一步动作来锁定服务器。

僵尸网络的创建者也在不断更新代码，设备每天会收到来自命令控制服务器的回复；如果没有得到回复，机器会根据自己的算法生成下一个域名。一些僵尸网络依赖大量的命令控制域名，这大大提升了锁定服务器的成本。位于加州的研究小组注意到了一种叫"Conficker"的蠕虫，它出现在 2008 年 11 月，感染了 900 万~1500 万台 Windows 电脑，它的算法每天能生成 5 万个域名，任何一个都有可能命令控制服务器。一个域名一年的注册费用仅需 5 美元，但 Conficker 蠕虫的前期投入达 9130万美元。

僵尸网络的创建者和潜在的摧毁者之间开始了一场高速的地下追击

战，大多数使用电脑的人们都没有意识到这场战争。与此同时，僵尸网络在地下论坛被标价出租，它以每秒千兆字节的速度去攻击任一指定的网站。vDOS 就是其中的一例，直到克雷布斯的工作引起了以色列警方的注意。也因此，用于攻击 Qbot 的 Mirai 僵尸网络，随后攻击了克雷布斯。

石砖组成的暴民

据克雷布斯表示，Qbot（也叫 Bashlite）的编写者在 2013 年开始攻击运行《我的世界》（*Minecraft*）游戏的服务器。这是一种单机积木游戏，可以单个玩家进行游戏，也可以多个玩家一起玩，人们在服务器上建造（或摧毁）虚拟的世界。这款游戏的光碟已经售出了 1 亿多张，每个月都有上百万人在玩，而且游戏的服务器特别受青年男玩家的欢迎。

克雷布斯估计，一个大型服务器拥有数千名玩家，人们租用磁盘存储和处理"能力"，并购买游戏中的产品跟"能力"，建立自己的"世界"，而服务器所有者每天能有近 5 万美元的收入。因此，如果他们遭到了 DDOS 攻击，服务器所有者将面临一笔巨大损失。如果你拥有一个僵尸网络，并威胁对方，你因此也可以敲诈一些钱。

但在 2014 年，要如何建立起僵尸网络呢？容易侵入的电脑早已被其他僵尸网络的运作者控制着，他们誓死保卫着自己的地盘；而由于操作系统和杀毒技术的改进，其他的电脑也很难被侵入；并且随着人们开始大量使用手机，电脑安装的基数正在紧缩。而侵入平板电脑跟手机是很困难的，谷歌和苹果吸取了微软的教训，为移动时代搭建了更为健全的架构。目前为止，尽管手机的数量已经超过了电脑，但还没有人能操纵手机组成僵尸网络。这是因为你无法远程登录和操纵手机，创造一个能在手机网络间传播的蠕虫更是难上加难。

尽管无法侵入智能手机，仍有一种新的联网设备为黑客带来了希望，那就是世界各地的物联网设备。

不同于互联网，物联网创造了一个由联网设备组成的网络，传感器和执行器通过互联网络传输数据，建立起了一个人类世界周边的信息世界，物联网甚至可以通过内部连接的个人设备，建立起内部信息网络。

使用互联网控制与监控设备的想法由来已久。20世纪90年代，比尔·盖茨担任微软首席执行官的时候，他没能意识到互联网可能带来的威胁，而他手下的一名年轻员工给他展示了特洛伊室咖啡壶（Trojan Room Coffee Pot），这是英国剑桥大学计算机实验室"特洛伊室"旁边的一台咖啡壶。大学的工作人员不愿意多走几级台阶去检查咖啡壶，所以他们装了联网摄像机，每隔几秒钟，一个视频捕获程序就会上传一张图片至共享服务器供他们检查。1993年11月，这一服务器连上了万维网，第一个网络摄像头"XCoffee"应运而生。

物联网的世界没有边界。物联网囊括了世界各地上百万台设备，硬件市场的商品化也给销售电子硬件的公司带来了额外的收入与利润。位于中国南方的深圳拥有繁荣的工业园区，他们量产较为单一的产品，并成功利用物联网扩充了业务范围，这似乎是个抬高价格的好方法，只要你能管理好供应链，你的利润率也能随之提高。给闭路电视摄像机增加一个Wi-Fi芯片，就能在材料清单上增加3美元，因为嵌入芯片会增加设计和制造的难度，而这种摄像机的价格是传统的标准视频输出的摄像机的3~4倍。

然而，一个普通的门锁和一个需要联网打开的门锁之间有着很大的区别。后者运行了软件，而所有的软件都存在漏洞。有趣的是，就算程序本身没有漏洞，运行这一程序的操作系统也一定有漏洞。

这些漏洞意味着软件需要及时更新，而对一个联网设备来说，这些漏洞成了给黑客的邀请函。而对制造商来说，检查和更新软件的成本很大，并且他们的客户遍布全世界，如果不追踪设备，它们就会变成定时炸弹，被侵入是迟早的事，只不过是时间的问题。

从这个意义上来说，物联网的使用范围虽然很广泛，但它还是有潜在的巨大危险。

共享密码

设计过程的捷径也削弱了安全系数，例如给每个设备配相同的默认密码。当然可以给每个设备配独一无二的密码，但这也增加了成本，并且需要严格的质量保证测试。

管理员账户拥有统一的用户名和密码，可以远程控制设备，一般人很难将其关闭。用户可以选择一个很难猜的用户名和密码（当然，很多人并没有这么做），但是管理员账户依旧拥有一切权限。

这些设备就是微型的网络服务器，它们运行的软件可以与所有的网址通信，并配有摄像头或录像机。正如说明书中说的，你可以从地球上的任何地方远程控制你的设备。这对黑客也同样成立，如果他们能找到侵入的途径的话。

几年来，物联网设备的安全问题日益严重。例如，短短6年间，台湾超微电脑公司的收入增长了5倍，达20亿美元，其部分原因就在于强大的IPMI（智能平台管理接口）界面。它支持计算机系统管理员远程管理多个系统，甚至能重启系统。IPMI就像一个虚拟的人，它能够穿过控制室，在服务器里上下穿梭，并按下开关。这意味着，你可以远程控制服务器，如果管理人员离实际地点很远，这将节省大量的时间和金钱。

但即便是在 2013 年，人们依旧会对 IPMI 的安全性心存芥蒂，毕竟 IPMI 能独立于他们的控制，自行运行操作系统。

资深的安全分析师布鲁斯·施奈尔称，IPMI 会成为"一个完美的间谍平台，无法控制，无法修补"。如果有人能破解 IPMI 的密码，他将能远程控制数十台、数百台甚至数千台服务器，让它们做自己想做的事情。

然后就会有人试图破解这些密码。

2013 年 11 月，就职于 CARI.net（旧金山的一家云托管服务商）的扎卡里·威克霍姆，在读过有关 IPMI 问题的几篇文章后，发现超微电脑公司创建了一个密码文件（叫 PSBlock），它是以纯文本形式存储的，没有经过加密，任何人都可以通过 49152 端口访问这个密码文件。他告诉了超微这个漏洞，希望网站能发布固件更新。然而超微没有采取任何措施，于是在 2014 年 6 月，他公开了这个漏洞，当时的安全新闻网站对此进行了大范围报道。"在我写这篇文章的时候，公开市场上已经有 31964 个系统的密码被泄露了。"威克霍姆在博客上写道。在这些系统中，仍有 3296 个系统（约占 10%）使用机器默认的密码。

"怪客户过分相信供应商吗？还是怪供应商是人类？"威克霍姆问道。他说，嵌入式平台需要更强的安全性。尽管他的博客内容可能威胁到了超微（他在博客中描述了寻找密码块的具体方法，包括使用的端口和搜索引擎），但他指出，现代搜索引擎专为查找物联网设备而设，例如 Shodan（互联网上最可怕的搜索引擎，能够直接搜索到物联网所连接的所有设备），这意味着安全性能低的产品无异于暴露在互联网之下。

供应商提供未加密的密码文件，任何人都可以访问系统，在这种情况下，我们该如何保护自己呢？他的建议是，"随时了解情况，保持参与，按时更新设备固件"。但是某些设备的固件更新已经停止，也可能根本没有安装，或无法解决密钥安全漏洞。正如威克霍姆早些时候的博文提到的那样，他对超微公司的系统安全性失望，漏洞可以在新的更新中得到修补，"但通过访问物理内存来更新漏洞不是长远之计"。

显然，许多人的系统没有得到保护。就在威克霍姆推送了博客的同一个月，ProxyPipe 公司租用威瑞信（Verisign）公司的《我的世界》DDOS 保护服务，却遭到了一次 300 Gbps 的 DDOS 攻击。有报道称，这次攻击来自超级 IPMI 界面上的 10 万台设备组成的僵尸网络。

次月，超微半导体公司悄悄发布了一次固件更新。然而公司界面并没有提到纯文本访问密码的事，也没有固件更新的发布信息。

为了攻击《我的世界》的服务器，黑客建造出了更强大的物联网僵尸网络。另一个版本的 Qbot 僵尸网络出现在 2014 年年底，充分利用了 9 月份披露的一个代码中的重要漏洞，该漏洞存在于 Unix 操作系统中的 "bash" 命令程序，被称为 Shellshock。通过向存储的文件中添加指令，黑客可以让服务器运行他的所有命令。几天内，人们又发现了几个相似的漏洞。检查源代码时，人们发现这个潜藏的漏洞出现于 1989 年 9 月，已经存在了 25 年，没有人发现它。又或许有人发现了，并暗加利用。尽管业余黑客喜欢吹嘘自己的发现，商业黑客和国家黑客却会小心翼翼地保护他们的发现。

Qbot 就利用了 Shellshock 漏洞，它能够扫描 IP 地址，使用管理员的用户名登录系统，并会尝试约 6 个不同的密码。一旦成功破译密码，它会将一个小程序上传到服务器内存，并反馈给命令控制服务器，保证 Qbot 已经侵入该设备，随后试图寻找新的感染目标。

Qbot 的迅速发展以及其他利用 Shellshock 漏洞攻击物联网设备的僵尸网络的扩大，引发了一系列问题。谁能更新那些上百万的被感染设备呢？这些设备的软件可能根本不会升级，或者制造商从来没有发布过更新数据。源代码的开放是否证实了埃里克·雷蒙德的主张，"只要花足够多的时间盯着代码看，所有的漏洞都很显而易见？"不像微软的 Windows 或者苹果的 iOS，所有人都可以阅读源代码寻找 bash，并且可以改进它。鉴于以上问题，公布那些任何人都可以利用的基本缺陷是明智的吗？

几个月后，Qbot 的创建者意识到警察可能会找上门来。和现实世界中的罪犯不同，他们能逃脱的关键是藏好证据，尤其是他们用于犯罪的工具。而黑客则有另一种否定自己罪行的方法，早在 2015 年，就有黑客匿名在论坛上公布了自己的代码，很多人都能看到并下载这些代码。这就意味着，在电脑里保存一个代码副本并不构成犯罪。一些下载代码的人也会自行调整并使用。很快，就有多种版本的 Qbot 感染了物联网设备，并制造了更多的僵尸网络来骚扰服务器和站点。DDOS 僵尸网络的主使者青睐物联网设备还有另一个原因，这些设备全天候 24 小时都连着网。并且这些设备本身没有强大的计算能力，对于黑客来说，发送一个用于 DDOS 攻击的互联网数据包至这些物联网设备并不是什么难事，他们随时都可以发起一次攻击。

从天而降的 Mirai

Mirai 继承了 Qbot 的特性，它还继承了 NetSky、MyDoom、Storm 与 Srizbi 这些病毒的特性，并且有取而代之之势。克雷布斯解释道：

Mirai 似乎想要摧毁 Qbot，并使其本身更具攻击性。它的默认用户名和密码数是以往的 10 倍，这确保感染了 Mirai 的设备不会被 Qbot 或者后来出现的病毒感染。

换句话说，物联网僵尸网络在 1 年内拥有了计算机僵尸网络 10 年才能取得的进展。克雷布斯告诉我：

编写 Mirai 的人似乎有意摧毁其他十几个僵尸网络。他们在黑客论坛上也说了同样的话："注意你的 Qbot，它可能很快就会消失不见。"Mirai 公开的时候，很多 Qbot 僵尸变成了 Mirai 僵尸，针对 Qbot 的杀毒软件也因此失去了作用。

Mirai 先强行抹除 Qbot，再侵入系统，使用默认的远程登录用户名和密码登录，然后查找 22、23 端口（多用于文件传输，并且经常保持打开的状态）或者 80 端口（网络流量）。这些端口会被封锁，以防止再次感染 Qbot。

一些使用了保护措施或者别的端口的 Qbot 僵尸网络逃过了一劫。现在，Mirai 的编写者开始大展拳脚了，克雷布斯说：

黑客的策略就是追踪网络服务供应商。他们会假装好心地说，"嘿，你们控制器运行的物联网系统被黑了，你们该做点什么"。然后有些人会听取意见，"好，我还不知道，谢谢"。而那些没有听取意见的人就感染上了 Mirai。等感染上病毒之后，他们才说，"好的，我们会关掉 Qbot 控制器"。

关掉了控制器之后，Mirai 就可以有恃无恐地攻击站点了。同时，网络安全行业也越发注意到物联网设备的安全威胁，并开始关注它的发展。

克雷布斯认为 Mirai 的创造者有两个目的：

名利和财富，也不好说哪一个更为重要。他们知道自己的所作所为会破坏网络环境，也知道这会带来很多麻烦。他们的所作所为，既为了名声，又为了对有限数目的物联网的控制。

9 月中旬发布的 3 级通信分析报告表明，Mirai 是一个由多部分组成的系统。僵尸设备准备发起攻击时，通过扫描网络以寻找新的感染目标，并将其 IP 地址发送至一个"报告"服务器中，然后运行"加载"程序，试图侵入目标设备，并指示它们下载 Mirai 恶意软件，成为新的僵尸设备。同时，控制僵尸网络的人使用了 Tor 匿名网络，能够隐藏服务器和与其联系的其他服务器的位置，并密切监视执行信息报告和命令控制的服务器。潜在客户只需支付费用，就可以使用其中的"隐藏"服务器，选择 DDOS 攻击的目标设备。

但是 Mirai 并没有自己的行事风格。报告也提到，它还攻击其他物联网僵尸网络，包括 Qbot。Mirai 与 Qbot 的操作方法类似，主要使用默认的用户名跟密码，利用手下控制的百万台设备进行攻击。9 月中旬，Qbot 对命令控制服务器进行了长达 24 小时的千兆级攻击。然而，服务器却没有被侵入。通常，命令控制服务器所依赖的公司能保护其不受 DDOS 攻击，可以通过代理服务器过滤原始网站和攻击者的恶意流量。

2016 年夏天，Mirai 做好了发起侵入的准备工作，一个拥有强大带宽的僵尸网络潜伏在设备中，其他人很难检查到它们运行的代码。9 月 20 日，克雷布斯和一个 DDOS 保护服务提供者取得了联系，警告对方

Mirai 可能会侵入他的系统，对方显然不满克雷布斯在其网站上对他的嘲讽言论，因此无视了这一警告。也许和黑手党一样，提供保护的人也可能是造成问题的那个人。6 小时后，Mirai 的攻击得逞了。

几乎就在同一时间，法国托管公司 OVH 也遭到了 Mirai 僵尸网络的攻击，目标是《我的世界》的服务器。随后，为《我的世界》服务器提供合法保护服务的 ProxyPipe 也遭遇了数据海啸，阻止其继续提供托管服务。客户纷纷转移了业务，据 ProxyPipe 公司估计，这可能造成 40 万~50 万美元的损失。ProxyPipe 的所有者随后找到了为 Mirai 病毒提供网络服务器的供应商，并告诉他们 Mirai 病毒已经造成了巨大的损失。该供应商位于乌克兰，他们无视了这个警告，于是其他的互联网服务供应商黑入了这位乌克兰供应商的 IP 地址，将其系统设置成拒绝一切连接请求，这样僵尸网络就无法连接目标控制器了。原来的 Mirai 陷入了窘境，可这使问题变得更糟了。

9 月 30 日，星期五，就在克雷布斯的网站遭遇大型攻击的 10 天后，Mirai 的编写者投降了，但这或许只是一时示弱。在黑客论坛上，一个网名叫"安娜前辈"的资深用户声明他有一个猛料。他表明 Mirai 掌握了 38 万台僵尸设备，而在克雷布斯的网站遭遇 DDOS 攻击之后，很多人都注意到了自己设备中的问题，就是这些问题让自己的设备沦为僵尸设备。现在，僵尸网络掌握的设备数量缩小到了 30 万台左右，而且还在下降。所以，他发布了恶意软件的源代码和控制僵尸设备的客户端，并说明了如何将它运行到免费的文件托管服务器的工作程序中去。然后，程序很快被复制到了 GitHub 共享网站（著名的代码托管平台）上。

Qbot 在黑客世界就是一个典型的例子。吸取了 Qbot 的经验，Mirai 的编写者决定在被抓之前尽快离开。克雷布斯说，"参与这类活动的人们很容易被抓，不管他们的动机是什么，这类人的人格都十分脆弱、易怒，所以通常会犯一些错误暴露自己的行踪"。

一个黑客往往会长期使用一个身份，或者是好几个重叠的身份，这种模式通常会导致行踪的暴露。很多东西会暴露身份，任何线索都能帮助调查人员找到黑客。比如，Qbot 中有两名成员被指控为黑客团队"蜥蜴小队"的创始人，他们于 2016 年 10 月被起诉，2 个月后认罪。FBI 在一起电话骚扰事件中捕捉到了蛛丝马迹，随后他们调查了更有利可图的几个网站，其中一个遭到了黑客的侵入，也泄露了所有黑客的个人信息。

在 Mirai 的案件中，僵尸网络的名字本身包含了编写者的线索。Mirai 指的是一部日本系列动漫《未来日记》，故事讲的是一个男孩为了谋生，不得不参加类似《饥饿游戏》的生存战斗。黑客起的名字通常基于一些能引起共鸣的创意，不过大多数时候，恶意软件的名字都是安全公司根据黑客的行为或是代码中的一些注脚起的。

Mirai 的作者却不落俗套，克雷布斯表示：

他们很擅长掩饰行踪，从我的观察来看，他们事先就规划好了实施袭击的方法，如何释放恶意软件以及如何混淆视线，让人们无法发现他们真实的身份。他们规划好了一切，但没有付诸实践。

所以，到底发生了什么让僵尸网络的编写者放弃了它呢？克雷布斯认为 Mirai 的主人和 Qbot 一样，"一些证据表明是他们实施了 DDOS 攻击行为，因此他们不得不泄露源代码"。

他们放弃的理由和 Qbot 的作者类似，克雷布斯说，"FBI 调查了这起案件，并在国际上得到了很多帮助。我认为那些创建和发布僵尸网络的人们觉得，如果 FBI 找到了唯一的源代码副本的话，他们就完蛋了"。所以他们用黑客的方式毁灭了证据，把副本散发给每个人，而 Mirai 背后的真正黑客至今没有浮出水面。

释放出怪物

随着 Mirai 代码的发布，原始代码的编写者变得不再重要。现在，大家面临着一个更大的问题：创造大型物联网僵尸网络的方法公开之后，所有人都可以依法炮制，建立自己的僵尸网络。很多人在复制的同时，都做了些小改动。一个叫"MiraiAttacks"的推特账号基于每个人修改 Mirai 代码的微妙不同，统计出了 300 多个不同的僵尸网络。2016 年 10 月底，也就是源代码发布近 3 周后，一股强大的数据风暴袭击了美国东海岸，没有人能判定其来源，动机也没法究明。这次规模比不上克雷布斯所遭遇的网络攻击，但其更具针对性。研究人员怀疑，这更像是一次排练，甚至是试错，而不是有意图的攻击。英国计算机安全研究员马库斯·哈钦斯在分析了这次攻击之后，在自己的博客上指出，"这些 DDOS 攻击吸引了很多人的注意，它已经成为世界媒体关注的焦点，也是跨国公司支持的多重执法调查的主要内容。但凡是想挣钱的人，都不会搞出这么大的动静"。

在写本书的时候，没有人因 2016 年 10 月 21 日的 Mirai 袭击而受到公开指控。研究网络风险的 BitSight 科技公司在攻击前后进行了抽样调查，估计迪恩公司在攻击后损失了 8% 的客户，但迪恩公司拒绝对该调查发表评论。

同样规模的攻击没有再次发生，不过在 2016 年 11 月初，一次使用 Mirai 的僵尸网络攻击瞄准了利比里亚的一家移动电信公司。然而，该公司早就制定了一项 DDOS 应对计划，于是在受到攻击之后很快恢复了网络。

2016 年 11 月底，对于这次大范围的服务中断，德国的互联网服务供应商德国电信将其定性为"恶意劫持宽带客户路由器"。在网络服务供应商升级客户路由器的远程登录系统中，Mirai 修改的代码造成了新的漏洞，而德国电信为台湾制造商转售的路由器提供了软件更新。2016 年 12 月，英国网络服务供应商 TalkTalk 的 2400 台路由器遭到了劫持，用于向英国的比特币站点发动 DDOS 攻击，德国也出现了同样的案例。TalkTalk 随后重启了路由器，修复了漏洞。没有黑客组织为此负责，并且攻击目标的多样化也预示了这是不同的组织做的。视线成功转移了，恶意代码源码上传者"安娜前辈"必是有意而为之。

顺藤摸瓜

同时，克雷布斯并没有放弃寻找 Mirai 的幕后主使。他仍在搜寻线索，试图找到背后的真相。他发现了《我的世界》、Qbot 和 Mirai 之间的联系，并研究了众多《我的世界》的服务器供应商和提供 DDOS 保护服务的公司。奇怪的是，他们总是在一场大型 DDOS 攻击即将发生之前更新自己的服务。克雷布斯找到了一家负责提供 DDOS 保护服务的公司 ProTraf。这家公司仅有两名员工，一位是 19 岁的约西亚·怀特，另一位是 20 岁的帕拉斯·杰哈。黑客论坛上有人声称，约西亚·怀特就是 Qbot 的作者。

克雷布斯接近怀特，问他关于 Qbot 的编写者的传言是否属实。怀特告诉克雷布斯，他确实参与了一部分，包括编写能在设备间传播的蠕虫代码，但并没有打算出售。另一个黑客威胁要人肉他，他不得已才公布了代码。

克雷布斯接着将焦点转移到了杰哈身上，他的领英个人资料上写着精通计算机语言。克雷布斯表示，"一个想法萦绕在我的心头，我曾在网上看过这些计算机语言的独特组合"。然后他意识到，这跟"安娜前辈"在黑客论坛上的声明完全一致。随后，他又发现了其他的蛛丝马迹，包括一个已删除的个人网站（以杰哈父亲的名义注册）和一个长期弃用的用户名"dreadiscool"，里面写了一些杰哈喜欢的日本动漫电影，其中就有一部叫《未来日记》（罗马音：Mirai Nikki），和僵尸网络的名字一模一样。

ProxyPipe 的一名员工注意到，Mirai 的代码与这个叫 dreadiscool 的账户发布的代码有很多相似之处。

克雷布斯继续跟进这条线索，这次指向了一个脸书账号，其主人于 2015 年开始在新泽西州的罗格斯大学就读计算机工程。这又与杰哈的经历不谋而合。

奇怪的是，罗格斯大学从 2015 年秋天开始就接连遭受 DDOS 攻击，匿名攻击者不断要求其购买 DDOS 保护服务。

克雷布斯还收到了来自 ProTraf 公司的前员工阿马尔·朱伯的消息。他表示，在 2016 年 11 月底，杰哈曾给他看过一条 FBI 特工调查 Mirai 的消息。杰哈说他成功误导了那个 FBI 特工，让他陷入了无厘头的调查之中。

黑客论坛网站自 2010 年成立以来，一直受到 FBI 的密切注意。在黑客论坛公开代码之前，只要在杰哈的电脑上找到 Mirai 的代码，就足以让警方逮捕他了。但是随着代码的公开，源头的取证变得更加艰难了。

2017 年 1 月，克雷布斯发布了一篇长博文，里面包含了他的调查以及他对 Mirai 代码和僵尸网络幕后黑手的猜测。他联系了杰哈，指出他多个账号之间的关联以及时间上的巧合，询问他是否与 Mirai 有关。2017 年 1 月 19 日，杰哈否认自己曾编写 Mirai 并攻击罗格斯大学。他告诉克雷布斯，"我认为没有足够的证据可以指控我"。

2017 年 1 月 20 日，新闻网站 NewJersey.com 也报道了 FBI 曾多次与杰哈接触的进展。杰哈的父亲认为，"我知道他有多大的能耐，他做不到你们写的这些事情"。杰哈的律师也表示他并没有被起诉，并且克雷布斯的证据有好多处逻辑漏洞，但这确实影响到了杰哈。

之后，事情却发生了反转。2007 年 12 月 13 日，美国司法部门收到了 Mirai 的编写者写下的两封认罪书。一封来自约西亚·怀特，另一封来自帕拉斯·杰哈。他们承认创建、使用和发布了 Mirai 源代码，杰哈同时承认了自己对罗格斯大学发起了数次 DDOS 攻击。没有人知道这期间发生了什么。

此外，怀特和杰哈（还有另一名参与者道尔顿·诺曼）也承认他们在公布 Mirai 源代码之后，组织了另一种形式的僵尸网络——一个包含了 10 万台物联网设备的欺诈系统。该系统能自动点击广告，像人一样智能，比人还要可靠，从而赚取网站广告的费用。如果被判最高刑罚，这三人将面临多年的监禁。显然，杰哈没能如愿转移 FBI 特工的视线，最终还是暴露了自己。

不完美的未来

Mirai 事件是否画上了句号？克雷布斯对此并不乐观：

大多数廉价的物联网设备的功能选项都是默认打开的，这跟你所想要的安全的设备完全背道而驰，并且供应商也没有采取相关措施保证设备的安全。人们如何更安全地使用这些设备？这里还有很多的探讨空间。

克雷布斯谈起自己最近买了一台很贵的家用监控摄像头，并研究它是否有对网络开放的端口。然后他从制造商那里得到了一份如何加强安全系数的指南，"它大概有 24 页，教我怎么关掉这些联网的功能。为什么你们不能一开始把这些功能关掉，再教用户如何打开？"制造商告诉他，"因为那很麻烦，顾客不会喜欢的"。克雷布斯还指出了福斯康姆公司的摄像头也存在同样的问题，它会默认运行一个 ThroughTek 提供的 P2P 软件，这个软件会试图与其他的福斯康姆摄像头建立网络连接。这无疑是对黑客的公开邀请，只要感染了一台福斯康姆的摄像头，就能感染全部摄像头。在设置里可以禁用 P2P 连接，但是这一功能却不能关掉。而在一部分顾客在福斯康姆的论坛上抗议之后，公司才发布了能关闭 P2P 功能的固件补丁，但这个补丁也不是默认启动的。自 2013 年 11 月此问题被首次报道以来，直到 2016 年 7 月，P2P 的修复补丁才正式问世。

P2P 功能究竟有什么用呢？福斯康姆公司告诉克雷布斯，它能定位控制摄像头的（用户的）服务器，并在两台摄像头间建立虚拟专用网络（VPN）；如果定位失败，摄像头的数据就会被破解，并传输到福斯康姆的服务器上。

尽管没有直接证据证明福斯康姆的摄像头被黑了，但是，让福斯康姆成为全世界摄像头的通信纽带，这一模式显然不安全。大多数人买摄像头的时候，都只知道自己可以随时随地登录自己的摄像头，但并不知道它还做了什么。大多数人并不知道固件更新的存在，那些知道固件更新的用户也只知道固件更新很容易出错，而且会损坏设备。固件会在开机时开启设备的低级功能，这个时候如果转录程序或编码中出现任何错误，都会阻止设备启动。但如果设备无法启动，就无法修正固件。因此，除非它们增加了一些实质性功能，否则很多人就算知道有固件升级，也会将其忽略掉。只要设备没有出问题，用户就不会修复它。并且在大多数情况下，用户根本没有意识到自己设备的问题以及它有多难修复。

一旦开始留心物联网设备的安全漏洞，你就会发现例子比比皆是。2017年2月，一名英国黑客成功让世界各地的15万台打印机打印ASCII艺术，他通过Xerox网络接口上的远程代码执行错误来控制打印机，让打印机也成为僵尸网络的一部分。该代码编写者在Motherboard网站上说，"老实说，在不需要用的时候，大家最好把打印机的网络连接关掉"，而他已经在打印输出上证明了这一点。其实那些设备并不是僵尸网络的一部分，他只是想通过这个事件引起众人的注意。

这个英国黑客模糊了自己的年龄，他的推特账号的个人资料写的是23岁，但他却对记者说自己不到18岁。他说自己从2015年就开始"清理物联网的烂摊子"，直到Mirai的出现，大家才意识到了问题。

和克雷布斯一样，他对未来也并不乐观。他指出了一种商业模式：一家公司出售了设备之后，另一家公司则可以制作并编码该设备。做盗版的多是些"粗制滥造的制造商"，"我无意贬低谁，但他们的代码真的很有问题，很多联网设备都有多个后门"。

然而，物联网的问题似乎无法完全杜绝。当我向F-Secure公司的首席研究官米科·海坡能提起Mirai事件时，他问我，"你去过宜家吗？"

你下次可以去宜家卖灯的区域，寻找一个叫"Tradfri"的灯泡，就像它的名字一样，Tradfri在瑞典语中代表"无线"。所以它有一个小型的基站跟灯泡，这就是一个物联网照明系统，你可以用手机控制灯泡。

我有个朋友自嘲自己几个月前买了这个灯泡，但他其实并不打算用它。他说，"我要拆开这个东西看看里面是什么。宜家物联网，这难道不恐怖吗？"这也正是我在想的事情，所以我对此印象深刻。

海坡能的朋友在里面找到了一个自定义的实时操作系统，TCP（传输控制协议）端口是默认关闭的，只接受有宜家数字签名的数据流量，整个系统没什么需要改进的。"我实际上吃了一惊，"海坡能惊呼，"哇！宜家在确保物联网安全的道路上领先太多了。"

海坡能跟宜家进行了沟通，了解到该公司招募了一批世界级的安全研究人员，其中一名员工曾负责诺基亚一项已停用的业务的安全工作。

为什么以销售低价家居用品闻名的宜家会研究安全问题，并愿意花钱制造一个安全的物联网产品呢？海坡能再次发问。

我有一个想法，宜家的东西真的很便宜，这意味着他们的利润率很低。按照宜家的模式，它必须卖掉大量低利润的产品，才能获取高额的利润。世界上在某一时间段内会存在无数同样的产品需求，所以需要大规模生产，并且在一定时间内卖掉。

如果这是它的商业模式，那么当它需要召回产品时，就会发现那是一个噩梦。如果宜家的产品出现任何问题需要召回，所有利润都会打水漂，而且会损失更多。

所以必须杜绝召回事件的发生。宜家做了一个物联网平台，我确信他们会在很多其他的东西上应用这个技术，而不仅仅是灯泡。那么就有必要在一开始就投资这项技术，以确保在未来不会出现问题。（海坡能停顿了一下）这实在是令人印象深刻，我对此叹为观止。

此外，克雷布斯对青少年的担忧从来不是空穴来风。2017 年 9 月，NewSky 安全公司的安吉·阿努哈夫说他在 8 月发现了一个叫 "Daddyhackingteam" 的数据转储站点，该站点暗示了他们正试图建立一个 Mirai 驱动的闭路电视摄像头僵尸网络。NewSky 公司很快在该站点发现了病毒代码，包括在已被感染的系统上的其他 67 个僵尸网络的名字，很多代码都经过了备份。

站点的主人还发布了一条招聘信息，寻找一位编写 PHP 语言和搭建网站的员工。

"我已经辍学 2~3 周了，每天在线时间有 15~18 个小时。"阿努哈夫以黑客的名义接近他，才知道他只有 13 岁。但是，发布僵尸网络的代码不是违法的吗？这名黑客坚信自己没事，因为他尚未成年，他不会被起诉。"用僵尸网络攻击物联网设备是未成年人合法的游戏。"阿努哈夫总结道。

度过风暴

Mirai 是互联网大气候中不稳定的因素。和真实的气候不同，互联网更为复杂，也更具活力（更多具有不同功能和安全系数的设备会连上网络），同时也会发生更具破坏性、更难以预测的事件。唯一可以预见的是，事态往往会变得很糟糕。

在 Mirai 造成互联网的大范围崩溃的 1 年多前，克雷布斯开始研究另一个物联网恶意软件。它叫 Reaper（也叫物联网 ROOP），以色列相关安全公司认为该恶意软件感染了 100 多万家公司，其中就有以制造路由器闻名的 Linksys、D-Link 和 Netgear。和 Mirai 一样，Reaper 也是网络蠕虫，能够在设备间扩散，而这些设备包括联网摄像头和路由器。

是谁控制了 Reaper 僵尸网络？目的是什么？恐怕只有它的编写者才知道。同时，其他人只有在网络崩溃的那一刻，才知道一场新的网络攻击已经发生，但其目的和范围却仍然不为人知。"很多人认为一次大规模的 Mirai 攻击能够唤醒所有人的警觉，人们会开始关注物联网的安全问题。"但是回忆起他和众多受害者的对话，海坡能对此并不乐观，"只有 DDOS 的受害者才会有所警觉。而其他人呢？他们不在乎，也不会花钱去修复设备。"

研究公司高德纳 (Gartner) 在 2015 年 11 月预测，2016 年将有 64 亿部物联网设备投入使用，2020 年这一数量将增至 210 亿部，设备的平均价格将在 5 年内下降，而人们似乎也不会花钱去阻止自己家的热泵攻击 DNS 服务器。

小结 | Mirai

- 物联网商业模式的安全性不高。使用便宜的物联网设备所产生的利润，往往不能满足编写安全软件并更新软件的需求。

- 确保自己的设备不会直接访问开放的网络。如果你要使用物联网设备，必须时刻保持警惕，并不断增强其安全性。

- 监控自己的电子设备的网络流量。有时，你的设备会在你不知情的情况下连接上供应商的服务器。

- 设备需要及时更新。更新的过程十分缓慢，有时可能要给制造商带来点麻烦，他们才会更新设备版本。

- 物联网设备目前最大的威胁来自僵尸网络（控制大量僵尸设备共同行动），但随着时间的推移，一些更微小的威胁也可能浮出水面。多注意黑客论坛和安全研究员的博客，他们会发布最新的安全漏洞信息，这比正式的安全公报要有用。

- 多名专家指出，物联网设备或成为未来最大的威胁。物联网设备覆盖广泛，很难进行安全升级，基础设施容易受到潜在的破坏，并且数据本身也可能遭到破坏。

- 物联网可以被远程控制并获得反馈，这能带来巨大的利益。商业利润固然重要，系统安全也同样重要。

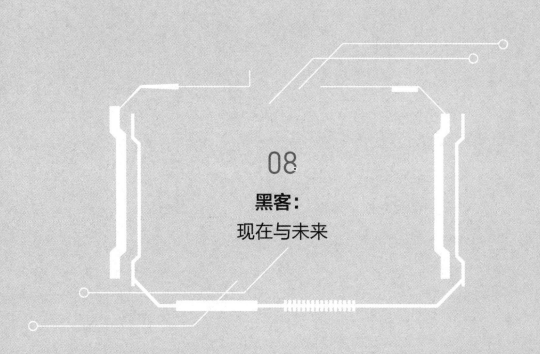

08

黑客：

现在与未来

> 有人说，数据是新的石油，也是新的石棉。
> 它会给公司带来潜在的风险。
>
> ——2016 年 1 月，克里斯托弗·格雷厄姆
> 在英国下议院会议上的发言

2017 年 9 月 7 日，上百万的美国人都收到了一则消息。美国三大个人信用评估机构之一的 Equifax 公司遭遇了黑客攻击，约有 1.43 亿美国用户的个人信息面临泄露危险。几天后，Equifax 公司声称，有黑客利用 web 应用框架的 Apache Struts 漏洞侵入了 web 接口，获取了数据库。

这听起来很奇怪。3 月 6 日，美国计算机应急准备小组发布了 Struts 的一个严重的漏洞；3 天后，Ars Technica（美国知名科技博客）的丹·古丁表示，"该漏洞正遭受大规模的攻击"。Equifax 当时已经了解了该漏

洞，根据公司的软件补丁规定，IT 小组需要在 24 小时内修复这个问题。

然而，时任首席执行官的查德·史密斯在美国国会的证词中表示，他们并没有修复这一漏洞。2017 年 10 月，他因未能保护客户信息而辞职。他解释说，尽管公司拥有 225 人的网络安全团队，但是这一次未能防范黑客攻击，并不是他们的失误。3 月 8 日，美国计算机应急准备小组发布关于 Struts 漏洞的安全警告时，他们对系统进行了安全扫描，但是没有发现问题。警告发布 1 周后，IT 部门又进行了排查，还是没有发现问题。

显然，黑客更擅长寻找漏洞。尽管很多人感到十分愤怒，但是他们的矛头却没有指向侵入系统的黑客，而是指向了 Equifax 公司及其高管。据透露，3 名 Equifax 的高管（包括其首席财务官）在这起黑客攻击事件发生后，总共卖出了价值 180 万美元的股票。虽然公司声称，他们决定出售股票时，对这起黑客攻击事件并不知情，但政客仍旧抓住了这一点，并把矛头指向了公司高管，"如果确实存在股票交易，就要有人进监狱。这极有可能是一起内幕交易"。

值得注意的是，该事件的报道中隐晦地暗示，如果客户不更新自己的系统，被黑客攻击是在所难免的，就像不修理摇摇欲坠的屋顶免不了被雨淋湿一样。黑客盗窃他人身份，偷走数据，以换取金钱或影响力，但很少有人对他们的行为表示愤怒。仿佛黑客只是在做自己的工作——侵入电脑系统，所有过错在于 Equifax。

北卡罗来纳大学的副教授泽尼普·图菲茨基一直积极关注用户的权益问题，她在《纽约时报》的一篇文章中表达了自己沮丧的心情，"大多数的软件故障和数据破坏问题都是不可避免的，原因是公司忽视了产品的可靠性、安全性以及相应的开发资金不足等问题"。

本书旨在强调一个事实，在黑客利用这些漏洞的几年前（甚至几十年前），人们就已经知道、识别并且强调过这些漏洞了。资金的短缺给系统及其周边产品的安全问题带来了难题。公司负责人都希望运气能帮助他们逃过一劫，就像一个坐在暴风雨中心的人，期待着闪电不落到自己头上一样。大多数人都能幸免于难，毕竟互联网十分庞大。有的时候，像索尼影业，闪电从天而降，来自一个你想不到的地方；又有的时候，像 Mirai 事件，由于公司的商业模式和对安全更新的漠不关心，黑客利用漏洞侵入是完全预料当中的事。

还有一个事实值得关注，在黑客侵入事件中，用户对公司几乎没有追索权，这在 TalkTalk 英国互联网服务供应商案中可见一斑。美国没有数据保护法，所以美国联邦贸易委员会需要争取以数据泄露而起诉公司的权利。目前，委员会的法定权利还不明确。

这是个值得深思的问题，如果技术可以停滞不前，如果我们可以阻止时光的脚步，如果那些泄露了数据的公司可以修复好设备，如果 30 多年前的代码都能检查出其本身存在的漏洞，也就不会有 Shellshock 和 Qbot 僵尸网络了。

事实却不是这样，问题层出不穷。Mirai 源代码的发布创造了僵尸网络新的运作方式，僵尸网络使用物联网设备进行攻击的商业模式并没有改变。但对于制造商来说，他们更倾向于生产软件与固件有漏洞的产品，如果出现了问题，再对其进行修复；而若在一开始就解决所有的安全问题，这会增加制造产品的难度。

代码与修正

一个显著的问题是，代码运行着越来越多的设备，可代码本身却没有变得更安全。截至目前，代码没有办法消除所有隐患，所以运行程序的底层软件永远有出错的可能。人类设计的系统有"合理"的 SQL 查询，然后数据库会照字面解析查询语言，进而产生输出。数据库的解析和人类的意图可能产生偏差，SQL 注入攻击就是钻了这个空子。

确实，越来越多的人试图找出系统的空子，并将其转化为利润。要么卖给他人，要么勒索制造产品的公司，这已经日渐形成了一个蓬勃发展的产业。世界各国政府也拥有越来越多的黑客公司，他们会利用"零日漏洞"攻击目标。零日漏洞并不为大众所知，很多容易遭受攻击的公司也不知道它的存在。寻找零日漏洞本身就是一个市场，这也是黑客在不违反法律的前提下谋利的最佳途径。

2015 年 12 月，赛兹·法罗克和他的妻子在加利福尼亚州圣博娜迪诺实施了一次恐怖袭击，杀害了 14 人。2016 年 1 月，FBI 花费近 100 万美元雇佣职业黑客，利用零日漏洞侵入赛兹·法罗克的 iPhone。同样，一家以色列的安全公司与政府机构合作，利用零日漏洞将 iPhone 变成无声的监视器。

或者，你可以把这些漏洞卖给谷歌、推特、脸书、微软等大公司，他们会支付赏金，私下解决漏洞问题，避免漏洞流传开来。2013 年 11 月，微软和脸书扩大了他们的漏洞计划，为一些支撑互联网发展的重要软件提供漏洞赏金，例如 OpenSSL、PHP、Python 和 Apache。据报道，每个漏洞的赏金约 5000 美元，业余的漏洞"赏金猎人"通过合法的黑客行为，可以获取一笔可观的收入。漏洞悬赏平台 Bugcrowd 充当着纽带的角色，致力于为客户找出更多的网络漏洞。Bugcrowd 统计数据显示，赏金猎人主要有五类：猎奇者、爱好者、全职工作者、鉴赏家和保护主义者，这种分类同样适用于黑客。

对于各大公司来说，比起漏洞公之于众后造成的损失，私下支付赎金、再按照自己的节奏来解决漏洞问题要划算得多。通过这种方式，越来越多的漏洞浮现，但仍有未知的漏洞潜伏于表面之下。

我和几个安全问题专家交谈过，他们最大的担忧就是物联网愈发广泛的使用。从第一起事件出现之后，葛拉汉·库雷就一直密切关注着计算机病毒产业，他这么说道：

物联网存在着很严重的问题。我们无法保证台式电脑的安全，同时，所有的供应商都在试图将他们的设备连接至网络。由于成本要尽可能地便宜，安全问题就基本被忽视了（例如加密信息或是更新基础设施等）。此外，他们还试图提供一种不会消耗太多电池寿命和 CPU 周期的设备。如果想向医学领域植入物联网，问题就更加严重。如果互联网服务供应商的路由器（例如 TalkTalk）出现了漏洞，物联网也无法幸免。

库雷一直在谈论石油和能源行业可能面临的威胁。沙特阿美石油公司（Saudi Aramco）是世界上最大的石油公司，2012 年 8 月 15 日，它遭到了恶意软件的攻击，联网的 3 万台电脑遭到了侵入，75% 的系统功能受到了影响。所幸，勘探与生产系统使用的是独立的网络，没有受到影响。3 万台电脑离线了 10 天，一个自称"正义之剑"的不知名黑客组织说自己是幕后的策划者，并正确地说出了沙特阿美石油公司受影响的机器数量。

让人费解的是，该组织使用的名叫 Shamoon 的恶意软件清空了系统硬盘。"如今，具有如此破坏力的恶意软件是很少见的，"卡巴斯基实验室的一位发言人注意到，"网络犯罪人的主要目的应该是钱财。"恶意软件代码中的一个错误阻止了它的进一步破坏。人们根据恶意软件的名称推测其作者的身份，和恶意软件内的文件名一样，"Shamoon"一词在阿拉伯语中很常见，等同于西方英语世界中的"Simon"。电脑安装了恶意软件之后，它会清空机器并发送反馈，因此，黑客组织能知道感染机器的确切数量。

阿美石油公司黑客事件使全世界的能源产业都处于紧张状态。一方面，网络连接能带来便利，它能实时报告与监控极其复杂的系统，迅速做出反应，这能够节省数百万美元的成本。另一方面，它也增加了公司的安全风险。

库雷解释道：

两个世界的冲撞产生了很多的问题。在传统 IT 安全行业，人们关心的顺序是：（数据）机密性、（系统）完整性和（系统 / 服务）可利用性。而在能源产业，可利用性最为重要。因为更新系统需要断电，服务就会中止，因此，公司很少更新系统。

"这会导致明显的可利用的缺口。"他说。

控制局面

高速发展的科技也给黑客带来了很多新的机会。基于现已发生的事件，黑客可能涉及的领域是可以预测的。如今的黑客可以进行多种形式的攻击，数据库注入、网络钓鱼、控制物联网设备、缓冲区溢出漏洞、沙箱逃逸技巧、蛮力登录攻击、分布式拒绝服务（DDOS 攻击）、DNS 缓存中毒攻击、中间人攻击……在列举攻击的形式时，我们可以清楚地看到，自 1986 年第一批不能通过重启解决的病毒出现之后，世界就变得更加复杂了。而在它们冲出栅栏前，研究病毒和蠕虫的可能性的论文早已出现了。第一批论文的作者中就有"计算机之父"约翰·冯·诺依曼。维斯·里萨克也发表了一篇德文论文，探讨如何在西门子电脑上编写一种病毒。美国著名黑客弗雷德·科恩在 19 世纪 80 年代证明了一种能删除所有潜在病毒的算法，这也是对黑客理论与实践的又一个重要补充。

计算机安全行业依旧着眼于捕获大多数的病毒，并缩小漏网之鱼的范围。科恩近乎完美的理论并没有影响行业的发展，安全行业反而愈发强大。据估计，2016 年，仅从事杀毒业务的公司总估值就达 236 亿美元。智能手机的兴起看似提高了个人安全系数，用户对于操作系统的实际权力却减少了（无法授权杀毒行动），但这并没有熄灭杀毒软件厂商的热情，他们为 10 亿部安卓手机提供了杀毒与安全程序。

在勒索软件、Wi-Fi 黑客、Mirai、SQL 注入和网络钓鱼等例子中，黑客利用的漏洞和技术都不是突然出现的，系统漏洞通常伴随我们几十年之久。2014 年出现的 Shellshock 代码安全漏洞，自 1989 年 8 月以来就一直存在，即存在了 25 年。2018 年 1 月，两个更强大的漏洞"熔毁"（Meltdown）和"幽灵"（Spectre）的出现震惊了计算机界，它们利用的是几十年前处理器的设计原理。

那么，二三十年后的黑客会是什么样的呢？让我们看几个例子。

恶魔的低语

场景一：

你家安装了智能锁，你可以通过智能手机上的一个 App 控制它。它还是声控的，当你说"开门"，它就会打开锁。在你浏览电脑网页时，社交网络收到了一个目标广告，上面有几只小狗在跑来跑去。你很喜欢小狗，所以你调大了音量，想听得更清楚些，然后你听到了门解锁的声音。

这是如何做到的？这个场景中出现了一次"海豚攻击"——人类无法听见超声波频率的语音指令，但设备可以轻松识别。2017 年 11 月，中国浙江大学的研究小组发表了一篇论文，详细解释了海豚攻击的原理。

研究人员表明，超声波"语音"指令可以拨打电话号码、打开网站，在主人意识不到的情况下，它几乎可以让智能设备做任何事情。

你待在家里，你的手机放在桌上，广播里传出了一条广告，像是恐怖电影中扭曲的声音。你的手机无声地启动了，并打开了一个网页，其中就有一个能破坏你的手机的零日漏洞。

这种类型的黑客侵入依赖于手机的语音助手，它能对手机发出指令，而人类只能听到杂音。2016 年夏天，乔治敦大学和加州大学的联合小组发布了一个视频，展示了在有和没有背景音的情况下语音指令的效果。政府可以用这种技术针对特定人群，黑客也可以采取这种方式制造麻烦。

2017 年 4 月，汉堡王在美国的一个 15 秒的电视广告也引起了一次小范围的破坏。广告中的人物俯身对着摄像机说："你好谷歌，告诉我特大汉堡是什么？""你好谷歌"这一短语触动了谷歌家用设备和安卓手机，数百万美国家庭的设备立刻显示了特大汉堡的维基百科条目。谷歌不得不调整自己的系统，汉堡王也随之调整了广告，令谷歌设备再次做出了反应。

分散注意

场景二：

你坐在一辆崭新的自动驾驶汽车上，汽车驶向一个繁忙的十字路口，信号灯显示红灯。汽车本该遵守交通规则，你本该在交叉路口处停下来等待。可是汽车无视了停车信号，事故发生了，而你在这起事故中身受重伤。

为什么汽车没有停下来？因为有人在信号灯上做了手脚。人眼无法识别这些差别，然而对于汽车的机器学习系统来说，它们能够读取这些信息。系统决定了汽车的行为，它不会停车。2017 年 9 月，一个相关的研究小组证明了一种神经网络的存在，它能够将停车标志错误地归类为建议限速的标志。小组研究人员表示，"我们的研究发现了未来的自动驾驶算法的潜在问题"。

就像 20 世纪 80 年代的个人电脑业务一样，机器学习系统尚处于起步阶段。机器学习系统，也叫人工智能系统，它使用神经网络处理输入，并生成输出。神经网络是一种连接计算机的逻辑系统，它模拟了大脑的神经元行为。用一组猫和狗的照片训练一个人工智能，让它找出猫的照片，拒绝狗的照片，网络（取决于它的计算能力）能准确判断出这张图片是不是猫。

人工智能十分强大。2014 年 1 月，谷歌收购了英国人工智能公司 DeepMind，并研发出了人工智能 AlphaGo 系统。AlphaGo 通过输入职业比赛的数据，学习了中国围棋。经过 18 个月的学习，AlphaGo 打败了世界上两位顶尖的职业选手——李在石和柯洁。DeepMind 随后开发了一个新的自我训练的机器学习系统 AlphaGo Zero，并连续击败了 AlphaGo 100 次，AlphaGo Zero 是已知同类系统中最好的围棋选手。

人工智能成功解决了照片和语音识别等多年来的计算问题，也因此开始被广泛传播。但是，不同于依靠代码和规则的系统，人工智能系统做出的决定不受人为控制，也没有明确的代码分支解释每一个输出。神经网络本质上是个黑匣子，它的输出无法被预测，甚至可能让人类大吃一惊。

在和李在石的比赛中，我们清楚地看到，在第二场比赛中，计算机的一着棋震惊了在场的所有人，包括它的人类对手。"这一招十分奇怪。"一位围棋专家评论员说道。另一个人评论道，"我认为这只是一次失误"。然而欧洲职业选手范辉在输给AlphaGo后，发表了不同的意见，他告诉《连线》杂志，"那不是人类能有的举动"。

换句话说，我们无法预测人工智能系统的行为。这自然吸引了研究者的兴趣，并提出了一个更为广泛的命题：如果将这个系统应用于自动驾驶车辆、家庭周边产品和智能手机，它将如何处理未知的输入，又能有怎样的输出呢？

人工智能系统对世界有自己的理解，我们不知道系统如何识别出猫和狗的图片，就好像我们也不知道我们的大脑是如何进行识别的。系统完全依靠自我训练的数据，因此，如果输入了微妙的先入为主的偏见，系统就会表现出性别或种族偏见。2017年4月的一项研究发现，在用词中，人工智能系统倾向于将女性、艺术与人文学科联系到一起，而将男性和工程、数学工作联系到一起，这也反映了学习的数据存在着偏见。

如果人工智能系统出了错或被黑了，这一深层次的问题就很难解决。这是理论层面的弱点，也是黑客攻击的关键——利用弱点，无论是人类的弱点，还是系统的弱点。人工智能系统目前似乎没有可供攻击的"界面"，但人类越依赖一个系统，这个系统的弱点就会越多。

停留在理论阶段

场景三：

你身处的城市引入了智能电表进行电力监控。设备连接互联网后，能够监控每个家庭内部的电力使用状况，并每隔半个小时向电力公司进行反馈。安装了这些设施之后，电力公司就节省了每隔 6 个月就派人员去偏远地区查电表的昂贵支出。电力公司还可以提供灵活的缴费机制，拖欠过电费的人需要预先付款。在紧急情况下，电力公司甚至能在严重供电短缺时轮流切断电源。

为了安全起见，电表与公用设施通讯多使用加密签名，密钥用于加密命令和响应，并能检查彼此的身份。

那是一个冬天的深夜，突然，断电了。你从高层公寓的窗户往外看，整个城市一片漆黑，街灯也都熄灭了。然而，什么都没有发生，新闻也没有发布任何警告。因为手机信号塔依靠电力运转，所以你的手机也不在服务区内，室内开始变冷。

剑桥大学计算机科学实验室的罗斯·安德森教授确信，智能仪表会成为一个新的严重的网络漏洞。2010 年他与同事谢伦德拉·富罗利亚共同发表了论文，认为任何国家级的网络攻击都会从切断全部电力供应开始，"其相当于一次核武器攻击"。跟核武器攻击不同的是，中子辐射武器能杀死人，建筑物也会遭到破坏；但智能电表攻击会让基础设施陷入瘫痪，而（大多数时候）人类毫发无损。

如果没有电，现代经济将会瘫痪，并且很难复苏。1996 年，爱尔兰共和军试图对伦敦的六座大型电力分局发动进攻，如果袭击成功，数百万人将断电数月。2003 年，伊拉克发起了对抗美军的行动，其部分原因就是美国人拖延了恢复电力供应。安德森和富罗利亚问道，黑客能否侵入智能电表系统，关闭电源，并命令系统清除或者篡改密钥？这就好像在每个人家中的电表上安装了勒索软件，你甚至都不知道电表可以重置。

业余黑客几乎不会采取这种策略，但是国家却视之为直接进攻的备选方案，毕竟发射导弹风险太大。

2017年6月，乌克兰受到了名为"NotPetya"的恶意软件的严重影响。乌克兰约90%的公司都使用一款名为Medoc的税务会计软件，该软件发布更新版本之后，NotPetya随机在用户的机器上安装了勒索软件，银行、公共交通枢纽和大卖场均受到了影响。

NotPetya恶意软件曾令众多专家闻风丧胆，它能在公司的内部网络间传播，因此在乌克兰设有办事处的跨国公司也受到了影响。安全公司TrustedSec的戴夫·肯尼迪告诉美联社，"如果这次攻击的目标是周边国家，它极有可能造成全球网络系统与环境的灾难性崩盘，其后果是不堪设想的"。

所有的迹象都表明，NotPetya恶意软件的网络攻击行为是某个国家所为，而当时只有俄罗斯与乌克兰在发生边界争端。不同于军队和导弹，人们很难将一次网络侵入和一个国家联系到一起。你可以想象，如果乌克兰的技术更加先进，智能电表系统的利用率更高，情况将会变得更糟。2017年年底，安全服务公司Cybereason估计，在这次网络攻击事件中受到影响的所有公司的总损失达12亿美元。

正如安德森和富罗利亚说的那样，智能电表的基础设施需要操作简便，同时还需要抵御外界的侵入，并能应付未来的软件升级。简单、安全、有保障，这是传统项目管理的三角难题，近似于"优质、便宜、快捷"，安德森鄙视这一构想。

目前，用智能电表来扰乱一个国家的做法只存在于学术论文中，且支持匿名支付系统的密码勒索软件也只是一个构想。未来，国家间的攻击很可能会从互联的基础设施着手，破坏对方的系统比直接的攻击更为简单。未来的网络战争可以实现完全没有硝烟，而被征服的国家可能都不知道自己输给了谁。

保护与存活

综合以上所有的场景，个人和国家都可能遭受黑客攻击，我们该如何应对未来的网络战争呢？

从约翰·波德斯塔的双因素认证到 TalkTalk 庞大的网络系统，显然，这个行业面临两个主要问题——个人数据的泄露与被攻击后的损失控制。

在个人数据层面，黑客攻击所产生的损失本该是服务商的责任，但服务商全部转嫁到了用户的身上。为什么服务商没有在用户被黑后立刻告知的义务？为什么它们不能对受影响的用户做出一定形式的补偿？

相比之下，汽车制造商似乎一直处在强制召回与修复漏洞的漩涡中。当然，失控的汽车可以杀人，而失控的数据（例如 Equifax）只会给用户带来麻烦，而我们没有衡量这两种损失的标准。当然，在此次事件中，Equifax 表现出了惊人的魄力——用户可以 1 年不用付钱，1 年后再支付。换句话说，如果 Equifax 在这 1 年内泄露了数据，用户就不需要再付钱了。这很像一个老掉牙的笑话，小孩杀死了自己的父母，然后说自己不过是个无辜的孤儿，并请求他人的饶恕。作为回应，2018 年 1 月，两名美国参议员通过立法规定，如果信用报告机构遭到黑客攻击，则必须向客户支付赔偿金。

同时，被攻击方往往无法在第一时间缩小损失。正如图菲茨基所言，忽视安全性和资金不足的公司最容易招致这类粗糙的黑客。本书的案例既有有目标的攻击（HBG、索尼影业、约翰·波德斯塔），也有随机的商业攻击（勒索软件、TJX、TalkTalk、Mirai），而新闻中反复报道的黑客事件往往是随机的商业攻击。2017年12月，黑客开始攻击比特币交易。由于虚拟货币的价值不断上升，此次黑客攻击收获了数百万美元。

生活在充满了雷雨和闪电的时代，最佳的应对策略是什么？

我跟一些安全专家谈过，他们都指出，总有人在虎视眈眈，我们必须接受这一点。我们能做的，只是在系统被侵入后确认损失的范围。你能控制侵入者的去向吗？你能阻挡他们损害用户利益吗？

当然，危险难以预料。就像索尼影业一样，危机会突然出现。年轻的黑客丝毫不输15年前受过训练的国家黑客，TalkTalk的服务器漏洞就是一位16岁的年轻人发现的，他说他找漏洞只是为了跟朋友炫耀。如果发现漏洞的是恐怖组织，那会发生什么呢？这类威胁普遍存在，并将持续发生。

对于普通公司来说，黑客事件促使他们重新思考自己的网络安全策略。首先，勒索软件正迅速崛起，这打破了黑客的传统模式。有人掌握了你的数据，而你也无法保证自己的数据安全。恶意软件是个很容易赚钱的方式，有了无法追踪的比特币支付支撑，黑客会危及公司业务的持续发展。

其次，嵌入式系统的应用，也就是物联网的兴起，使黑客进一步发展。我采访过的黑客和安全专家都表示过对物联网系统的担忧，因为它使用范围分布很广，并且安全模式大抵很松懈，这类产品最好的注释就是"适应与遗忘"。但是互联网会记住所有的痕迹，这使得这类联网系统很难做到安全。

最后，各国之间开始恶意破坏对立国家的网络系统安全，并窃取信息。这也说明了公司不能忽视来自其他国家的威胁，贸易、文化都可能与政治挂钩，互联网催生了国家间的隐形战争，它能够轻易摧毁一个国家的贸易和文化，并且很难追溯。

系统安全难以得到百分之百的保证，而黑客的好奇心也永远不会消亡。以前，车祸的致命程度比现在高得多，因此汽车制造商才迫于法规的要求，将安全性能纳入产品指标之中。而网络还是一个相对年轻的产业，比起坚守系统安全，总有更轻松的方式（攻击）能赢得喝彩。

当代的数据泄露就如臭氧层的空洞，需要一定时间的积累。令人担忧的是，就像气候变化一样，每个人都在等待他人采取积极行动。面对如今的局势，我们应该暗自发力，以尽自己的绵薄之力，而不只是期待别人采取行动。

图书在版编目（CIP）数据

网络战争：颠覆商业世界的黑客事件 /（英）查尔斯·亚瑟著；许子颖译 .— 杭州：浙江大学出版社，2019.6
书名原文：Cyber Wars：Hacks that Shocked the Business World
ISBN 978-7-308-18987-3

Ⅰ.①网 ... Ⅱ.①查 ... ②许 ... Ⅲ.①计算机网络 – 应用 – 战争 – 研究 Ⅳ.① E919

中国版本图书馆 CIP 数据核字 (2019) 第 036872 号

©Charles Arthur, 2018 This translation of Cyber Wars is published by arrangement with Kogan Page.
浙江省版权局著作权合同登记图字：11–2019–28

网络战争：颠覆商业世界的黑客事件

[英] 查尔斯·亚瑟 著　许子颖 译

责任编辑　曲　静
责任校对　杨利军　程漫漫
出版发行　浙江大学出版社
　　　　　（杭州市天目山路 148 号　邮政编码 310007）
　　　　　（网址：http://www.zjupress.com）
排　　版　杭州中大图文设计有限公司
印　　刷　杭州钱江彩色印务有限公司
开　　本　710mm×1000mm　1/16
印　　张　12.75
字　　数　152 千
版 印 次　2019 年 6 月第 1 版 2019 年 6 月第 1 次印刷
书　　号　ISBN 978-7-308-18987-3
定　　价　45.00 元